Avant Big Bang - Après Big Bang selon le modèle cosmologique universel

Flavien Phanzu Mwaka

Avant Big Bang - Après Big Bang selon le modèle cosmologique universel

Les Versets des savants - Tome III

ISBN numérique : 979-10-262-6931-1

EAN papier : 9791026269328

Librinova

Courriel : contact@librinova.com
Internet : www.librinova.com

Du même auteur dans la collection « Les Versets des savants »

- **Tome I : LA COSMOLOGIE SELON LES MODELES BIBLIQUES ET ANTIQUES**
- **Tome II : LE CHAMP DU MODELE COSMOLOGIQUE UNIVERSEL**
- **Tome IV : LES GRANDES ENIGMES DE L'UNIVERS RESOLUS DANS LE MODELE COSMOLOGIQUE UNIVERSEL (à paraître)**
- **Tome V : DE NOE À BARACK OBAMA**

En couverture : L'effondrement des particules dans l'avant Big-bang et son expulsion dans l'après Big-bang

Pour toutes correspondances à l'auteur, notre lien est : lesversetsdessavants@gmail.com

DEDICACE

Cet ouvrage est dédié à tous ceux qui m'ont soutenu durant le moment le plus difficile dans ma vie notamment ma tante KIADI Pauline et son épouse le Dr. NZUZI TSHAKALA, ma tante KIADI PELAGIE et son époux le Pasteur PHAMBU BABAKA, mon oncle JOSE NDUBUDI et son épouse Julie, mon cousin JP KIADI et son épouse, ma nièce Emilie Ntoto, mon ami Patrick Nsangu et son épouse Maguy, et ainsi qu'à mesdames Anasthasie MBOSHA KIPOTE et Eugenie VELA.

Qu'il trouve à travers cette dédicace l'expression de mon amour, de ma reconnaissance et de mon remerciement à travers tous ce qu'ils ont fait pour moi. Nous sommes tous les fruits des efforts des autres.

Epigraphie

« Avec le modèle du Big-bang, nous avons, en fait, peut-être réinventé la Genèse en termes scientifiques. Nous aurions, en quelque sorte, traduit la Bible dans le langage de la physique d'aujourd'hui ».

Aurélien Barrau : Big-bang et au-delà »,
éd. Dunod, paris 2019, P.56

Préface

Bon travail de recherche et d'une profondeur religieuse, scientifique et culturelle indéniable. Le domaine abordé est coriace et défendable au vu des preuves matérielles fiables.

Ce texte doit être publié et constituer comme un ballon d'essai pour des lecteurs inhabitués à la matière cosmologique alliée à des preuves bibliques.

Je souhaiterais que la publication le soit de façon partielle (3 ou 4 tomes) dans des éditions successives et pas le tout à la fois à cause de la rigidité de la matière abordée.

Encore une fois merci et bon courage !

PROFESSEUR GUBARIKA
Doyen à la faculté des Lettres
Université Pédagogique Nationale (UPN).

Avant-propos

Dans la collection des livres « LES VERSETS DES SAVANTS », nous faisons ressortir les équivalences scientifiques des noms qui furent cités sous forme littéraire dans la Bible.

Ce livre fait suite aux Tomes I et II de la collection des livres « LES VERSETS DES SAVANTS ». Tout ce qui est dit ici est comme une symbiose de ces deux premiers tomes. Pourquoi avons-nous fait une telle révision ? Parce que ces deux premiers tomes ne laissent pas apparaitre visiblement mes plus grandes découvertes. Lors de l'établissement des communiqués de presse qui n'apportaient aucun fruit, je m'étais dit pourquoi ne pas faire apparaitre d'une manière visible ce que tout le monde cherche, à savoir les contenus de la sphère d'avant Big-bang au big-bang ?

Ces deux contenus sont déjà développés dans le tome I, sauf que son titre, qui est d'ailleurs très logique, à savoir : « la Cosmologie selon les modèles bibliques et antiques », laisse croire qu'on a affaire à un livre religieux avec des raisonnements basés sur la foi. Ainsi, les résultats de mes recherches contenus dans le Tome I risquent de prendre du temps avant qu'ils ne soient découverts. C'est pour éviter pareille situation que j'ai jugé nécessaire de faire ressortir ce que le monde scientifique attend réellement et d'en faire le titre de ce livre.

La littérature scientifique est comme la mathématique. À force de vouloir changer des phrases ou des mots pour ne pas être accusé de plagiat, on risque de ternir certaines théories ou le vrai déroulement de certains phénomènes. Doit-on s'interdire d'utiliser le mot fusion parce qu'un autre auteur l'a employé ? Nullement. Ainsi, pour éviter ces genres des pièges qui consistent à donner deux explications proches pour un même phénomène, mes lecteurs des Tomes I et II trouveront que j'ai repris certains paragraphes comme tels dans ce livre. Toutefois, les chercheurs savent qu'à chaque nouvelle édition, il y a toujours une amélioration, soit par l'apport d'une nouvelle idée ou l'amélioration d'un paragraphe. C'est ce que nous avons fait dans ce tome.

Dans le Tome I qui s'intitule « la Cosmologie selon les modèles bibliques et antiques », nous avons démontré que toutes les grandes théories cosmologiques et les grands ensembles de l'Univers faisant l'objet des découvertes du XXe siècle, étaient déjà dévoilés et connus dans l'antiquité, notamment l'avant Big-bang, le Big-bang, le trou noir, la matière noire et l'énergie noire.

Le Tome I constitue la base du Modèle Cosmologique Universel, car nous avons d'abord expliqué tous les symbolismes bibliques et les points du Principe divin lié à la Création de l'Univers. Cela nous a pris les cinq premiers chapitres, qui sont de nature à décourager les lecteurs qui veulent aller au but, avant d'aborder l'avant Big-bang jusqu'au vivant d'une manière détaillée à partir du chapitre VI.

Dans le Tome II qui s'intitule « le champ du Modèle Cosmologique Universel », nous avons abordé plusieurs sujets sur la cosmologie, en offrant notre point de vue. Nous avons aussi fait ressortir la place du Modèle Cosmologique Universel par rapport aux autres modèles scientifiques.

Dans l'Univers, il y aura toujours d'énigmes. Depuis les tomes précédents des livres de la collection « Les Versets des Savants », jusqu'à ce tome, nous avons résolu quelques-uns, qui ne représentent qu'une infime sphère de ces énigmes. Plus que nos recherches continuent, plus que nous découvrons certaines énigmes et tentons d'apporter nos hypothèses. C'est ce qui fait l'objet du tome IV qui s'intitule « Les grandes énigmes de l'univers résolus dans le modèle cosmologique universel ».

Dans le Tome V; « De Noé à Barack Obama », outre l'explication des prouesses scientifiques réalisées par certains prophètes dans l'ancien Testament, nous avons fait ressortir les signes qui démontre que le temps de l'établissement du royaume des cieux sur la Terre était déjà accompli, tel qu'indiqué dans le calendrier Maya et que, l'humanité doit s'attendre à des nouveaux déluges des purifications.

*Mt 24 : **38** Car, dans les jours qui précédèrent le déluge, les hommes mangeaient et buvaient, se mariaient et mariaient leurs* *enfants, jusqu'au jour où Noé entra dans l'arche39et ils ne se doutèrent de rien, jusqu'à ce que le déluge vînt et les emportât tous : il en sera de même à l'avènement du Fils de l'homme.*

Sans toutefois revenir aux précédents Tomes, où nous avons expliqué tous les symbolismes et paraboles qui voilaient l'histoire de la création biblique, ici, nous nous attaquons aux questions multiples que les gens se posent de l'avant Big-bang au Big-bang. Étant le premier à en parler avec tant de conviction, j'ai jugé nécessaire de développer encore ces concepts qui viennent de prendre jour en ce début du XXIème siècle avec la venue du Modèle Cosmologique Universel. À savoir que le XXème siècle était caractérisé par l'enrichissement de la théorie du Big-bang connue sous le nom de modèle standard.

En son temps, le savant belge, l'abbé Georges Lemaître, l'un des pères fondateurs de la théorie du Big-bang, disait : « *Une cosmogonie vraiment complète devrait expliquer les atomes comme les soleils* ». Avec le Modèle Cosmologique Universel, nous pouvons dire que cette prédiction vient de s'accomplir.

Dans plusieurs de mes assertions, je mentionne souvent l'expression « selon les scientifiques » au lieu de citer directement la source. Cela veut dire tout simplement que c'est une assertion qui est déjà approuvée par la science et enseignée dans l'astronomie.

Ma grande contribution dans le Modèle Cosmologique Universel est celle d'avoir expliqué clairement les mots, les noms et les phrases qui faisaient passer le schéma de la création biblique pour un jeu de magicien avec des phrases comme « Dieu dit, Dieu fit, Dieu créa ».

Cette restitution scientifique du schéma de la création biblique dans le Modèle Cosmologique Universel fait que celle-ci passe de la cosmogonie à la cosmologie. Et ceci constitue une nouvelle révolution dans le développement des pensées scientifiques.

Le Modèle Cosmologique Universel n'est pas une question de la croyance, de Dieu ou de la religion. C'est la restitution scientifique du premier Modèle cosmologique découvert dans les papyrus et dont l'auteur attribuait tous les effets à l'intervention divine, entendez par là, à la volonté de Dieu. Ce modèle primitif appelé le schéma de la création, est contenu dans la Bible. Que soit un savant croyant ou non, son développement n'a rien à voir avec la foi. C'est ce que nous avons fait dans le Modèle Cosmologique Universel.

L'auteur

Introduction

Dans ce tome, nous allons nous focaliser sur l'avant Big-bang au Big-bang. L'après Big-bang fait déjà l'objet de la science actuelle et est développé dans le modèle standard. Toutefois, dans le Tome I, nous avons restitué tout le schéma de la création biblique, c'est-à-dire de l'avant Big-bang au vivant.

Pour une meilleure compréhension des thèmes abordés dans ce livre, l'explication de la notion de temps biblique s'avère nécessaire afin d'y préparer les lecteurs qui n'ont pas encore lu le Tome I.

C'est dans la Bible et non dans la science que j'ai fait la découverte de l'avant Big-bang et des phénomènes qui se sont déroulés. Toutefois, Moïse l'a écrit pour les gens de son époque à 1500 ans avant J.-C. À ce moment-là, la chimie et la physique n'étaient pas aussi développées qu'à notre époque, ni les vocabulaires scientifiques. Moïse ne pouvait utiliser que des termes que ces gens pouvaient comprendre. Si nous aussi nous le comprenons comme tel, c'est que nous réduisons notre intelligence à leur niveau.

C'est cette actualisation du langage de Moïse à notre époque et qui fait l'objet de la restitution de sa pensée, qui est baptisée le Modèle Cosmologique Universel. Ainsi, c'est dans le chapitre traitant du Modèle Cosmologique Universel que nous allons expliquer d'une manière succincte les symbolismes et les paraboles qui ont voilé l'histoire de la création biblique.

Ainsi, dans le Modèle Cosmologique Universel qui est la restitution du schéma de la création biblique, nous avons décelé trois étapes : un univers vide avec les ténèbres totales (Ge 1 : 1), puis vint la manifestation de la puissance de Dieu sur l'eau (Ge 1 : 2), connue sous le nom scientifique de l'action des énergies sur les matières originelles. Par la Force Première Universelle, (super gravitation selon la science), cette puissance de Dieu conduira à la troisième étape, à savoir, un réchauffement extrême générant des rayons. C'est cela qui est qualifié bibliquement par la phrase : « *Dieu dit : Que la lumière soit, et la lumière fut* » (Ge 1 :3).

C'est ainsi que toute cette période sombre de l'avant Big-bang jusqu'à l'apparition de la première lumière, selon la Bible, fut qualifiée de premier jour (Ge 1 : 2-4). Le Big-bang lui-même occupa la seconde période, connue sous le nom biblique de 'la séparation des eaux d'avec les eaux' (Ge 1 : 6-8) et la période de formation des astres ou l'après Big-bang occupa le troisième et le quatrième jour biblique (Ge 1 : 9 et 14).

Ce sont là les grandes découvertes qu'aucun chercheur ne connaissait jusque-là et sur lesquelles nous allons nous appesantir dans ce tome.

Chapitre I :
Le Modèle Cosmologique Universel

Section 1
Présentation

1.1. Définition du Modèle Cosmologique Universel

Le Modèle Cosmologique Universel est la restitution analytique du schéma biblique de la création. Le mot "analytique" est défini en philosophie comme étant une déduction à partir des principes fondés sur l'expérience et l'observation (Dicos encarta). On comprend par-là que cette restitution n'a rien à voir avec un sermon fondé sur la foi. Toutes nos analyses sont appuyées par les expériences, les observations et les déductions qui étaient faites par les savants dans différents domaines. D'autres les seront dans les siècles à venir.

Nous avons dit que le modèle biblique est le récit de la création, tel qu'écrit dans la Bible. Notre restitution peut être critiquée par n'importe qui, pourvu qu'il ne touche pas au mot « Bible ou modèle biblique » pour le respect de ce dernier nom et pour ne pas ternir son caractère sacré. C'est ainsi que nous avons intitulé notre restitution qui peut faire l'objet des critiques « le Modèle Cosmologique Universel ». Ainsi, en faisant nos commentaires scientifiques de l'histoire de la création biblique, nous entrons directement dans le Modèle Cosmologique Universel.

Le Modèle Cosmologique Universel, avons-nous dit, constitue le point de départ à partir duquel chacun peut faire ses recherches et tirer des commentaires et conclusions. C'est pour dire que personne, ni même moi, n'a le monopole d'analyse du Modèle biblique. Ce dernier est l'ensemble de tous les Modèles qui appuient le schéma biblique sur la création de l'Univers. Ce que j'ai développé et dont je suis le concepteur a pour nom « Le Modèle Cosmologique Universel ». Tout le monde peut s'en inspirer et s'enrichir à partir de ce Modèle.

Donc, Le Modèle Cosmologique Universel est la traduction en langage scientifique du schéma de la création, tel qu'écrit dans les chapitres premier et deuxième de la Genèse. Cette traduction scientifique sera désormais le fondement de tous les Modèles bibliques.

1.2. Contenus du Modèle Cosmologique Universel

Le Modèle Cosmologique Universel éclaircit l'histoire de l'évolution de l'Univers selon le schéma biblique de la création. Je dis évolution, et non création, car ce qui vient au-delà du Principe d'incertitude (relation énergie-particule) est difficile à démontrer ; c'est-à-dire le passage du spirituel (tel qu'expliqué dans le Principe de la création, branche du livre du Principe Divin du Rév. Dr. Sun Myung Moon) à l'énergie d'une manière scientifique.

L'originalité du Modèle Cosmologique Universel par rapport aux autres modèles scientifiques en cosmologie, réside dans le fait qu'il parle de l'avant Big-bang, en passant par le Big-bang jusqu'à l'apparition de l'homme sur la terre et cela d'une manière harmonieuse et cohérente. Etant donné que les autres Modèles Scientifiques ne traitent que d'une partie de la cosmologie nous pouvons dire qu'ils sont tous engloutis dans le Modèle Cosmologique Universel. « Englouti » veut dire qu'il les capture et remet chacun à sa place pour permettre aux savants de nous présenter un schéma cohérent et la théorie de Tout.

Le Modèle Cosmologique Universel constitue la restitution scientifique du schéma de la création biblique. Son champ couvre et étudie les événements à partir du moment où le mot Univers fut prononcé pour la première fois dans la Bible à travers sa définition d'une « terre informe et vide » (Ge1 :2), c'est-à-dire quelque chose qui n'avait encore aucune existence matérielle, sinon elle ne serait jamais informe et vide, jusqu'à la création de l'homme. Cette étude se limite au niveau des origines et tente aussi de percer le mystère du « pourquoi ».

1.3. Les branches du Modèle Cosmologique Universel

Bâtir un modèle cosmologique et que les astrophysiciens vous accordent du crédit relève d'une certaine spécialisation. La spécialisation, ce n'est pas moi qui le détiens, mais c'est Moïse, un savant juif dans l'antiquité. Donc, le Modèle Cosmologique Universel fait partie de la sagesse juive de l'antiquité. Peut-être ne suis-je qu'un exégète autodidacte. Mais comment, avant moi, personne n'est arrivé à restituer scientifiquement le récit de la création biblique d'une manière scientifique? La première raison est que j'étais le premier à mes poser la question de savoir pourquoi l'histoire de la création biblique a été jetée à la poubelle par les savants.

Pour y répondre moi-même à cette question, outre ma passion pour la science, il a fallu que je dispose aussi d'un ensemble des connaissances que personne ne possédait avant la sortie des livres de la collection « Les Versets des Savants ». Ces connaissances acquises d'une manière personnelle (autodidacte) auxquelles les gens peuvent me rejoindre sont :

– La lecture assidue de la Bible

– La lecture des autres livres dits sacrés

– La lecture des livres ésotériques

– La lecture assidue du Principe divin du Rév. Dr. Sun Myung Moon

– La participation à plusieurs séminaires d'éducation de l'Eglise de l'Unification du Rév. Dr. Sun Myung Moon, devenue la Sainte Famille du Parent Céleste

– La lecture assidue des articles traitant des phénomènes cosmologique dans les sites scientifiques tels que *Futura-Sciences, TrustMy Science*, etc.

– La prise des notes en suivant les documentaires scientifiques comme un étudiant qui suit un cours.

– La formation sur l'Astronomie Master à l'Observatoire des Baronnies Provençales, en France, qui fait de moi un astronome amateur.

Ce sont toutes ces connaissances qui ont fait que je puisse être la première personne dans l'Univers à restituer l'histoire de la création biblique. Une histoire écrite il y a 3 500 ans dans des papyrus découverts dans la Mer morte et transmis comme tels dans la Bible. Cela fait de moi le premier chercheur qui a découvert l'horizon de l'avant Big-bang et son contenu jusqu'au Big-bang.

J'avais dit, au Tome I, que ma restitution ayant abouti à la découverte du Big-bang dans la Bible a surpris Dieu lui-même, à tel point qu'il est venu me donner l'injonction d'en faire la vulgarisation et de dire aux savants qu'ils doivent tous s'inspirer du schéma biblique de la création dans leurs recherches. C'est tout ce que Dieu m'a donné comme injonction dans un songe en 2012, et m'a laissé faire moi-même d'autres découvertes pour être sûr que l'histoire de la création biblique est réellement véridique.

Ainsi dit, les trois principales branches pour que j'arrive à bâtir le Modèle Cosmologique Universel, ce sont la connaissance des grandes lignes de la cosmologie, la connaissance biblique et les Principes de la création du Rév. Dr. Sun Myung Moon. Ces trois branches réunies forment ce que j'appelle l'astrothéologie et doivent désormais être incluses dans toutes les facultés de la théologie, de la physique et de la philosophie.

Tenez, quand on dit c'est Dieu qui a créé l'Univers, on est dans la religion. Mais quand on se pose la question : « avec quoi Dieu a créé l'Univers ? On entre directement dans la cosmologie et la philosophie. Ceux qui veulent rester dans la religion disent « tout a été créé par la Parole » (Jn 1 :1-3). Mais Moïse, qui a écrit le schéma de la création biblique, fut le premier à entrer dans la cosmologie en disant 'l'homme a été formé par la poussière de la terre' (Gn 2 :7) pour répondre à la question :« avec quoi Dieu a créé l'homme ? ».

(Séance de travail à l'Observatoire de Baronnies Provençales –OBP- en France/Septembre 2019).

Flavien PHANZU MWAKA devant la coupole de l'Observatoire des Baronnies Provençales (OBP) en France. (Septembre 2019)

Séance pratique à l'intérieur de la coupole de l'Observatoire des Baronnies Provençales (OBP) en France. (Septembre 2019)

Quelques Télescopes à Observatoire des Baronnies Provençales (France)

D'ailleurs, tout le récit de la Genèse chapitre 2 faits partis de la cosmologie. Alors, je ne vois plus pourquoi les croyants et les scientifiques auront encore du mépris pour lire le Tome I de mon livre qui s'intitule « La cosmologie selon les modèles bibliques et antiques ». Les scientifiques s'en méfient à cause du mot « biblique » et les croyants à cause du mot « cosmologie ».

Ainsi, dans les cinq premiers chapitres du Tome I, nous avons tenu à expliquer aux scientifiques les langages, employés dans la Bible auxquels ils n'étaient pas habitués. De même, nous avons aussi profité de l'occasion pour amener le commun des mortels à comprendre les langages scientifiques et amener les croyants à croire aux faits au lieu de se cantonner à la chronologie de la création selon la Bible avec un Univers âgé de 6 000 ans. Cela a fait que l'objet principal du Tome I a commencé à partir du chapitre VI.

Cette façon de procéder que nous avons jugée nécessaire, nous a valu beaucoup des critiques et certains sont même allés jusqu'à nous qualifier de fanatiques. Pour nous, le but est atteint parce que tous les astrophysiciens qui m'ont lu ont acheté des Bibles pour vérifier si je n'étais pas moi-même en train d'inventer les versets, et les croyants commencent désormais à s'intéresser àla cosmologie sachant qu'ils ont maintenant leur mot à dire.

Tout comme tout ce que les astrophysiciens constatent fait partie des effets, qui font d'ailleurs l'objet de leur science, ils doivent inclure dans leur discipline, comme connaissance complémentaire ou personnelle, la cause. Et la cause, c'est effectivement l'enseignement du Principe de la création du Rév. Dr. Sun Myung Moon, comme base philosophique de leur enseignement ou connaissance. Ce n'est qu'à travers cet enseignement qu'ils sauront résoudre beaucoup d'énigmes. Cette préoccupation répond à la parole de Jésus qui a dit à ses disciples :

« *Je vous parle des choses terrestres et vous ne croyez pas, comment croirez-vous quand je vous parlerai des choses célestes ?* » (Jn 3 : 12).

Cette promesse de Jésus est accomplie à ce jour par le couple Moon dans son livre « le Principe divin » où sont contenus les Principes de la création.

Section 2
L'énoncé de base du Modèle Cosmologique Universel

2.1. Le schéma de la création biblique

En effet, aucun théologien jusque-là, n'a eu l'idée de raisonner au-delà des écrits bibliques. Ainsi, les versets ci-dessous nous font penser aux différentes phases de l'histoire de l'Univers selon la Bible, confirmée aussi par la science.

1) Ge 1 : **1-2** « *Au commencement, Dieu créa les cieux et la terre (le cosmos) ». La terre* (l'univers) *était informe et vide* ».

Ge 1 :2 « *Il y avait les ténèbres dans la surface de l'abime* ». (Première déformation du tissu de l'espace-temps dans l'axe de l'univers).

Ge 1 :2 « *L'Esprit de Dieu se mouvait au-dessus des eaux* ». (La gravitation sur la matière originelle d'avant Big-bang dans l'abîme).

Ge 1 :3 « *Dieu dit : « que la lumière soit et la lumière fut* » ; (conséquence de la fusion sur la matière originelle ou de L'Esprit de Dieu qui se mouvait au-dessus des eaux).

Ge 1 :4 « *Dieu sépara la lumière d'avec les ténèbres* » ; (énigme scientifique à résoudre).

Ge 1 :5 « *Ainsi, il y eut un soir, et il y eut un matin : ce fut le premier jour* » ; (fin de l'avant Big-bang)

2) Ge 1 :7 « *la séparation des eaux d'avec les eaux* » ou Big-bang, selon la science (1) et *la formation de l'étendue* (expansion de l'univers).

Ge 1 : 8 « *Ainsi, il y eut un soir, et il y eut un matin : ce fut le second jour* » ; (l'instant zéro de notre Univers).

3) Ge 1 :9 « *Des eaux du dessous (1), le sec (2)* (ou la terre) *apparut* » ; (commencement de la période d'après Big-bang).

Ge 1 : **13** Ainsi, il y eut un soir, et il y eut un matin : ce fut le troisième jour.

4) Ge 1 :14 « *Des eaux du dessus* (1), *il y eut formation des luminaires* (2) »

Ge 1 : 19 *Ainsi, il y eut un soir, et il y eut un matin : ce fut le quatrième jour.*

5) Ge 1 : **20** « Dieu *dit : Que les eaux produisent en abondance des animaux vivants, et que des oiseaux volent sur la terre vers l'étendue du ciel* ».

Ge 1 : **23** *Ainsi, il y eut un soir, et il y eut un matin : ce fut le cinquième jour.*

6) Ge 1 : **24** « *Dieu dit : Que la terre produise des animaux vivants selon leur espèce, ...*

Ge 1 : **27** « *Dieu créa l'homme à son image, il le créa à l'image de Dieu, il créa l'homme et la femme* ».

Ge 1 : **31** « *Dieu vit tout ce qu'il avait fait et voici, cela était très bon. Ainsi, il y eut un soir, et il y eut un matin : ce fut le sixième jour* ».

2.2. Restitution littérale du schéma de la création biblique

Ainsi, le Modèle Cosmologique Universel, sur lequel seront basées toutes les analyses qui suivront de la part des différents savants et philosophes, aura comme base l'énoncé ci-dessous.

L'Univers était informe et vide. Etant donné d'une part une énergie qualifiée par la Bible de ténèbres dans l'abîme, et d'autre part l'esprit de Dieu ou un vent de Dieu sur la matière originale appelée « eaux », il y eut production d'un rayonnement qualifié de lumière. La Bible précisa en outre que cette nouvelle énergie, ou ce rayonnement, a eu une interaction avec les ténèbres. Elle est venue les contrecarrer, ainsi que la matière invisible qui était déjà en action sur l'Univers primitif. C'est ce qui est exprimé à travers la phrase « ***Dieu sépara la lumière d'avec les ténèbres*** *». Et pour montrer que ces deux énergies vont accompagner désormais le destin physique de l'univers, Dieu appela les ténèbres « nuit » et la lumière, ou nouveau rayonnement, « jour », cela par manque des mots scientifiques appropriés à cette époque-là. Du début de l'Univers dans le néant, jusqu'à la production de la première lumière ou rayonnement, c'est la période que la Bible appelle "jour"* *(premier jour); une période qui a duré un temps non quantifiable jusque-là.*

*La matière originelle ou « eaux » selon le terme biblique, continuant son cycle de réchauffement à cause du confinement crée par la déflation cosmique et, après la production de la lumière (**que la lumière soit et la lumière fut**), il y eut un éclatement, une expansion ou une expulsion dans l'abîme de ce que la science qualifie de « Big-bang » et la Bible de « **séparation des eaux d'avec les eaux**. » Cette période évolutive de réchauffement des matières (eaux) qui va de la production de la lumière, ou premier rayonnement, jusqu'au Big-bang, fut qualifiée par la Bible **de deuxième jour**.*

*Et puis vinrent le **troisième jour et le quatrième jour** qui prirent des millions ou des milliards d'années et qui furent des périodes de formation des astres à partir de la même matière, ou eaux, selon la Bible.*

*Après vint le **cinquième jour biblique**, c'est l'ère qui vit l'apparition des êtres vivants, à commencer par les êtres microscopiques sous-marins jusqu'aux oiseaux.*

*Et, à la fin, ou au **sixième jour biblique**, il y eut l'apparition des mammifères jusqu'à la formation de l'homme.* (Ge 1 :1-30 ; Ge 2 :1-7).

Ceci constitue la restitution scientifique des écrits de Moïse datant de 1500 ans av. J.-C. *C'est l'énoncé de base du schéma de la création selon le Modèle Cosmologique Universel.*

2.3. Le fondement de l'énoncé

En effet, les savants ont compris que c'est par les changements des températures qu'ils peuvent comprendre comment l'Univers observable est apparu et évolue en allant du refroidissement aux fortes chaleurs ou vice versa. Cette élévation des températures fut aussi observée dans la Bible par la phrase « Dieu dit : que la lumière soit ! Et la lumière fut » après la mouvance de l'esprit de Dieu, ou un vent de Dieu, sur les eaux qui représentaient les éléments originels.

Pour comprendre les origines de l'Univers, les scientifiques ont construit le grand accélérateur dénommé « le Grand

Collisionneur de Hadrons - (LHC) » à cheval entre la Suisse et la France, géré par le CERN (Le Conseil Européen pour la recherche nucléaire).

Dans cet accélérateur, deux faisceaux de particules de haute énergie circulent à une vitesse proche de celle de la lumière avant d'entrer en collision et de créer des éléments en émettant une forte lumière et une forte énergie. Par ces procédés, les chercheurs tentent de démystifier l'Univers et de comprendre comment les éléments se sont formés. C'est le même procédé en ce qui concerne les versets suivants : « *l'esprit de Dieu (énergie) se mouvant au-dessus des eaux (matières originelles), la lumière fut (jaillit)* » (Ge1 : 2-3). Cela rend scientifiquement incontestable ce verset et fait entrer ce schéma biblique de la cosmogonie à la cosmologie.

Pourquoi utilisons-nous, avons-nous dit, les expressions : « élément originel », « particule originelle » ou « matière originelle » au lieu de particule élémentaire, particule primitive, particule fondamentale ou matière primitive ? En effet, en science on entend par particule élémentaire, ou particule fondamentale, une particule dont on ne connaît pas la composition : on ne sait pas si elle est constituée d'autres particules plus petites.

Mais, étant donné que ces particules incluent les « fermions fondamentaux » (quarks, leptons, et leurs antiparticules, les antiquarks et les antileptons) qui composent la matière et l'antimatière, ainsi que des bosons (bosons de jauge et boson de Higgs) qui sont des vecteurs de forces et jouent un rôle de médiateurs dans les interactions élémentaires entre les fermions *(Cfr : Wikipédia; particules élémentaires)*, et ne connaissant pas avec précision ce à quoi a abouti la condensation énergétique d'avant le Big-bang, de laquelle sont issus ces éléments, nous les appelons soit les éléments originels, soit les particules originelles, soit encore les matières originelles, en référence à Dieu qui est l'origine de toutes choses ou l'origine des origines selon la philosophie orientale. Cette référence à Dieu n'a rien à voir avec une croyance tout comme les noms des planètes du système solaire tirent leurs origines de la mythologie Grecque.

Section 3
La notion des temps bibliques

Si le schéma de la création biblique était auparavant rejeté par la science, c'est à cause de la notion des temps.

En effet, la chronologie biblique fait apparaitre un Univers qui a été créé dans six jours et l'homme est apparue il y a 6 000 ans. La chronologie scientifique, par contre, indique que l'Univers a été créé il y a 13,8 milliards d'années et les plus anciens fossiles connus de la lignée humaine datent de 7 millions d'années. Par conséquent, les savants et les athées ont qualifié la Bible de livre des légendes. Les livres de la collection « Les Versets des Savants » sont venus mettre fin à cette qualification par des arguments scientifiques.

3.1. Les journées bibliques sont des périodes

Comme je l'ai dit au début, Moïse enseignait des gens qui savaient distinguer les périodes à partir de la lune, mais qui n'avaient pas la notion de temps comme nous. Ainsi, au lieu de leur compliquer la vie par des chiffres volumineux, il préféra leur enseigner l'histoire de la création d'une manière très simple en la divisant en six jours qui, en fait, signifient six périodes ou six étapes. Est-ce mon interprétation ? Nullement.

La Bible étant un tout malgré le verset biblique : *« Mais il est une chose, bien-aimés, que vous ne devez pas **ignorer**, c'est que, devant le Seigneur, un jour est **comme** mille ans, et mille ans sont comme un jour »* (2 P. 3 :8), aucun théologien chrétien ou juif n'a pu faire un rapprochement entre ce verset et les journées dans le schéma de la création biblique, croyant que cette dernière était l'œuvre d'une parole. Il a fallu une nouvelle révélation de Dieu au couple Moon pour que l'éclaircissement apparaisse en se basant sur ce verset.

En effet, considérant les livres contenus dans la Bible comme un Tout par les chrétiens, dont l'auteur, comme un héros dans l'ombre, est Dieu, le jour biblique tel que cité au premier chapitre de la Genèse est bien défini dans la même Bible en 2 versets :

Ps 90 :***4« Car*** *mille ans sont à tes yeux comme le jour d'hier, quand il n'est plus, et* comme *une veille de la nuit. »*

2 P 3 : *8«* *Mais il est une chose, bien-aimée, que vous ne devez pas* ***ignorer****, c'est que, devant le Seigneur, un jour est* ***comme*** *mille ans, et mille ans sont comme un jour. »*

Le Rév. Dr. Sun Myung Moon est le premier religieux à les avoir associés au schéma biblique de la création dans le Principe de la création ; branche du livre du Principe divin.

Il y a dans ces versets deux termes très importants, à savoir « ignorer » et « comme ». Tout d'abord, nous ne devrons pas ignorer la notion de temps. En second lieu, il y a le terme comparatif « comme » : « *un jour pour Dieu est comme mille ans* ». Ici, on n'a pas utilisé le mot « égale », mais plutôt « comme ». Cela veut dire tout simplement qu'un jour biblique peut représenter autant de jours, autant d'années que peut prendre un cycle ou une ère. Ainsi, dire que la création a été faite en six jours bibliques n'a rien à voir avec nos journées de vingt-quatre heures. Cela représente plutôt six grandes étapes qui, comme la science l'a découvert, ont pris des milliers, des millions, voire des milliards d'années.

Étant donné que Moïse, le rédacteur de la Genèse, a parlé plus tard du jour qui a suivi les six jours comme d'un sabbat hebdomadaire, beaucoup des croyants et non croyants ont pensé que chaque jour de la création a forcément été de 24 heures.

En plus, le récit biblique n'exclut pas la possibilité que durant chaque « jour », ou période de création, certains des actes créateurs majeurs se soient produits de façon graduelle plutôt qu'instantanée. D'où les termes « soir et matin » utilisés pour passer d'une période à l'autre. Pour plus de détails, je vous renvoie au Tome I dont les explications sont tirées du livre « Présentation du Principe divin ». (Cfr : Présentation du principe divin : éd. Culture et Paix, Paris, 2013).

Enfin, on notera que dans la Genèse, Moïse a écrit que l'Univers a eu un commencement et les choses et la vie sont apparues par étapes, graduellement sur plusieurs périodes. Qui fut Moïse ? Le plus grand savant que l'Univers n'ait jamais eu.

Ge 33 : **11** « *L'Éternel parlait avec Moïse face à face, comme un homme parle à son ami* ».

Section 4
Les trois grandes étapes de l'univers ou les phases d'eaux bibliques

Tout au long de notre livre, on aura à parler du mot Big-bang (avant Big-bang ou après Big-bang). Dans mes précédents livres, je l'avais déjà expliqué, mais une révision s'avère toujours nécessaire pour ceux qui n'ont pas de notions sur ce mot scientifique.

L'Univers connait trois grandes périodes selon le Modèle Cosmologique Universel ; l'avant Big-bang, le Big-bang et l'après Big-bang.

Dans L'énoncé de base du Modèle Cosmologique Universel, l'eau biblique ou l'univers a traversé trois phases.

4.1. Première phase : eaux ou particules originelles

Ge 1 :*2 La terre était informe et vide; il y avait des ténèbres à la surface de l'abîme, et L'esprit (un vent) de Dieu se mouvant au-dessus des* ***eaux****... 3 Dieu dit : Que la lumière soit ! Et la lumière fut. 4 Dieu vit que la lumière était bonne ; et Dieu sépara la lumière d'avec les ténèbres. 5 Dieu appela la lumière jour, et il appela les ténèbres nuit. Ainsi, il y eut un soir, et il y eut un matin : ce fut le* ***premier jour****.*

Cette première phase de l'univers est appelée l'avant Big-bang où nous voyons qu'il y avait déjà une grande force qualifiée d'un vent de Dieu qui se manifestait autour d'une matière qualifiée des eaux par Moïse et qui, pour nous, était composée des particules originelles. Cette phase d'avant Big-bang s'est clôturée le premier jour biblique que nous allons développer dans les chapitres qui suivent.

4.2. Deuxième phase : eaux ou Univers condensé

Ge 1 :6 Dieu *dit : Qu'il y ait une étendue entre les* ***eaux****, et qu'elle sépare les* ***eaux*** *d'avec les* ***eaux****. 7 Et Dieu fit l'étendue, et il sépara* *les **eaux** qui sont au-dessous de l'étendue d'avec les **eaux** qui sont au-dessus de l'étendue. Et cela fut ainsi.*

La seconde phase fut que ces eaux bibliques, que nous avons qualifiées de particules originelles, après leur extrême condensation suite à la déflation cosmique, ont fini par exploser (Big-bang), phénomène qualifié par la Bible de séparation (*séparation des **eaux** d'avec les **eaux***) et d'expansion par certains scientifiques.

C'est la phase qu'on appelle en science le Big-bang, qui s'est déroulée à la seconde période de la création biblique.

Donc, Le Big-bang représente l'instant zéro de l'Univers et non le commencement, car l'Univers fut créé à une période qui s'étend jusque-là à moins X nombre. C'était l'éclosion de l'Univers condensé qualifiée par la Bible de « la séparation des eaux d'avec les eaux ».

4.3. Troisième phase : des eaux, les astres furent formés jusqu'aux vivants

Ge 1 :9 Dieu *dit : Que les **eaux** qui sont au-dessous du ciel se rassemblent en un seul lieu, et que le **sec** paraisse. Et cela fut ainsi.*

*Ge 1 :14 Dieu dit : Qu'il y ait des **luminaires** dans l'étendue du ciel, pour séparer le jour d'avec la nuit ; que ce soient des signes pour marquer les époques, les jours et les années ;*

*Ge 1 : **20** « Dieu dit : Que les eaux produisent en abondance des animaux vivants*

*Ge 2 : **6** Mais une vapeur s'éleva de la terre, et arrosa toute la surface du sol. 7 L'Éternel Dieu forma l'homme de la poussière de la terre,*

La troisième phase de ces « eaux » bibliques fut celle de la formation des astres jusqu'aux êtres vivants. Par-là, on comprend directement qu'il ne s'agissait pas des eaux que nous consommons, mais d'une matière qui a son origine dans l'avant Big-bang, en traversant le Big-bang jusqu'à la formation des astres et des êtres vivants. Cette dernière phase, c'est ça que nous appelons l'après Big-bang.

Nous avons tenu à expliquer ce mot de Big-bang qui représente un Univers condensé et qui a pris du volume par l'expansion, qualifiée dans la Bible de l'étendue, pour ceux qui n'ont pas encore cette notion préliminaire de la cosmologie. Nous pouvons schématiser ce que nous venons de dire de la manière suivante :

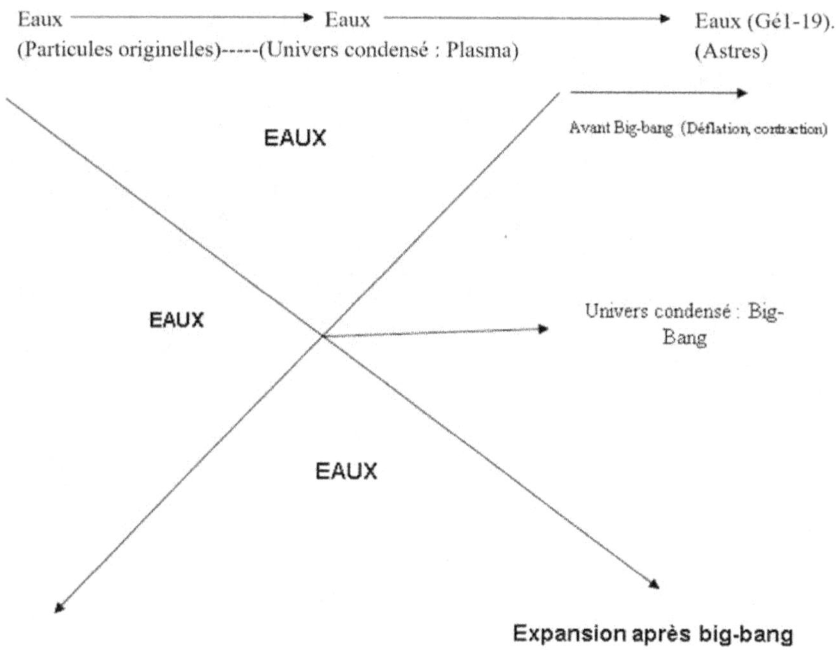

Chapitre II :
Le cosmos

Nous voulons encore revenir aux différentes notions du cosmos parce que mes livres sont lus par des intellectuels qui n'ont pas souvent les notions de la cosmologie. Le cosmos n'est inclus ni dans l'avant Big-bang, ni dans l'après Big-bang, mais il les contient. Ainsi, même si un jour nous allons parvenir à analyser toutes les périodes de l'avant Big-bang à l'après Big-bang, il nous restera toujours une énigme, c'est le Monde spirituel qui fait aussi partie du Cosmos.

Section 1
La création du cosmos

1.1. Dieu est le créateur du Cosmos

« *Au commencement Dieu créa le cosmos (les cieux et la terre)* ». **(Ge 1 : 1)**

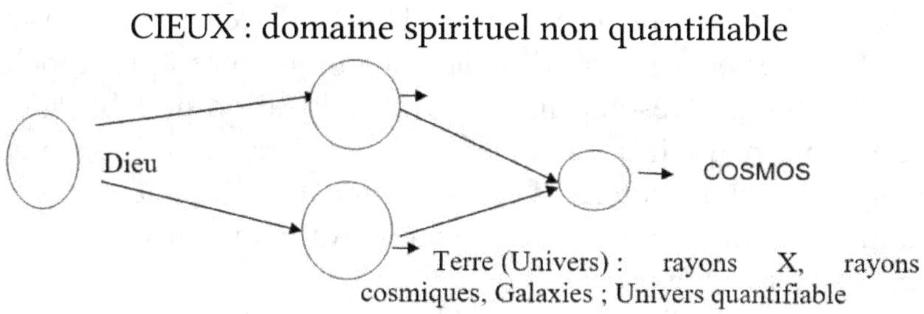

Ge 1 : *2 La terre était informe et vide* : quelque chose qui existe mais que l'on ne peut palper; par conséquent sans forme, c'est-à-dire l'Univers d'avant Big-bang.

Nous l'avons dit, le cosmos, selon le Modèle Cosmologique Universel qui s'aligne au Principe de la création du Rév. Dr. Sun Myung Moon, représente le monde invisible (spirituel) appelé ciel et visible (Univers), ces deux mondes sont appelés « la terre » dans la Bible. Ainsi, en parlant de la création du Ciel et de la terre, ces derniers signifiant l'Univers, nous voyons que le monde invisible (ou monde angélique, ou monde des esprits) a précédé la création de l'Univers représenté par la terre dans la Bible.

Cette définition du cosmos est différente des encyclopédies qui ne prennent pas en considération la sphère spirituelle. Dans la Bible, ces deux termes, à savoir le monde spirituel et le monde physique, sont représentés par les mots cieux et terre.

Pour la science, le cosmos représente l'Univers dans toute son étendue, c'est-à-dire la partie visible et ce que nos instruments d'observation ne nous permettent pas encore de voir. Mais quand le Principe de la création parle du cosmos, il intègre le monde spirituel. C'est cette conception qui est prise en compte dans le Modèle Cosmologique Universel.

Ainsi, dans le verset biblique « ***Au commencement Dieu créa les cieux et la terre*** » **(Ge 1 :1)**, les mots terre et ciel sont en minuscules parce que ça n'a rien à voir avec notre Ciel et notre Terre géographiques.

1.2. Du spirituel au physique

De quelles matières Dieu a créé l'Univers ? Cela s'est fait par la mutation des énergies spirituelles en énergie physique, appelée, dans les sciences ésotériques, « la densification de l'énergie ». C'est un point qui intrigue tous les chercheurs, à savoir comment physiquement, le matériel s'est acheminé de l'invisible au visible, qualifié bibliquement par la phrase « Au commencement Dieu créa les cieux et la terre » (Ge 1 :1).

La Bible parle d'un Univers vide au départ (Ge 1 : 2), et après, au même verset, on nous parle de la présence de quelque chose de matériel, qualifié des « eaux ». Que s'est-il passé pour qu'on aboutisse à ces « eaux » ?

Bibliquement, il y a eu d'abord le vide, or, dans le vide selon la science, on constate de l'énergie. Quelle fut sa provenance ? Tout est issu de Dieu selon le Rév. Dr Sun Myung Moon.

En effet, selon le Principe de la création du Rév. Dr. Sun Myung Moon, en Dieu, il y a l'Energie Première Universelle. En se projetant et en se densifiant dans une contrée, cette partie du Monde spirituel est devenue le monde matériel tout en étant visiblement informe et vide. D'où les versets bibliques :

Ge 1 : 1 Au commencement, Dieu créa les cieux et la terre.***2****La terre était informe et vide.*

Nous avons déjà expliqué que quelque chose qui est informe et vide veut dire tout simplement qu'il est matériellement inexistant. C'était plutôt le commencement d'un univers vide mais énergétique.

Le mot densification va faire l'objet de beaucoup des publications dans le futur, ainsi que d'autres pistes de recherches dans la sphère qui va du spirituel au physique. C'est pour cela que « le Modèle Cosmologique Universel » ouvre une révolution dans la science cosmologique.

1.2.1. Les cieux bibliques

*Ge 1 :1 « Au commencement Dieu créa **les cieux** et la terre »*

Les cieux dont on parle ici n'ont rien à avoir avec le Ciel bleu géographique que nous voyons au-dessus de nos têtes. Il s'agit plutôt du monde spirituel qui est la sphère des esprits. C'est dans ces sphères qu'on retrouve ce que nous qualifions, ici sur la Terre, du royaume des cieux, du paradis et de l'enfer. C'est donc une sphère spirituelle et invisible pour nous les humains.

Ainsi dit, ce qui est important pour les savants, c'était de comprendre ce que signifie le mot cieux dans le verset qui dit que « Dieu créa les **cieux** et la terre ». Comme nous venons de le dire, il s'agit du monde spirituel et non de notre Ciel géographique. D'où la prière : « Notre Père qui est aux cieux » (Mt 6 :9).

1.2.2 La terre biblique

Ge 1 *: 1 « Au commencement Dieu créa les cieux et la* **terre** *» 2 La* **terre** *était informe et vide...*

Comme pour les cieux, la terre dont il est fait mention dans Ge 1.1 (Dieu créa les cieux et la **terre**) n'a rien à voir avec notre Terre géographique. D'ailleurs, c'est aussi l'utilisation du mot terre et sa mauvaise compréhension qui ont fait que le schéma biblique de la création a été mis à la poubelle par les savants. Et aucun théologien n'est là pour leur expliquer, tout simplement parce que je suis le premier à y apporter une explication.

Le mot terre évoqué ici fait référence au monde physique connu sous le nom d'Univers. Ai-je inventé cette explication pour me conformer à la science ? Nullement, car Moïse a été clair et personne n'a su le découvrir. Au verset suivant, Moïse dit : « La terre était informe et vide » (Ge 1 :2). Quelque chose qui est informe et vide, c'est quelque chose qui est immatériel ou matériellement inexistant. Même une fumée visible à une forme, mais ici Moïse est clair : au départ, l'Univers qu'il qualifia de « la terre » était informe et vide. La Terre actuelle avec ces structures n'était apparue qu'à la troisième étape, après le Big-bang qualifié de troisième jour par Moïse.

Avec ces précisions, désormais le récit biblique de la création qui donne un éclaircissement sur la façon dont l'Univers a commencé, c'est-à-dire dans le vide, entre dans la science. Cette grande restitution nous l'avons dénommée « le Modèle Cosmologique Universel ».

Le modèle selon lequel l'Univers a commencé par un vide a été développé d'une manière scientifique par le savant italien Gabriele Veneziano sans qu'il sache qu'il avait rejoint le modèle biblique devenu à ce jour le Modèle Cosmologique Universel. S'il l'avait su, il aurait dû découvrir aussi que le rayonnement fossile est un vestige d'avant Big-bang à travers le verset « Dieu dit que la lumière soit et la lumière fut ! » Celle-ci est survenue au moment où les matières d'avant Big-bang ont commencé à se condenser, tout en se réchauffant pendant la phase des déflations cosmiques.

C'est ce dernier phénomène décrit par la Bible qui a été oublié dans le Modèle développé par Gabriele Veneziano. C'est pour cela que nous disons que le Modèle Cosmologique Universel engloutit et corrige tout le Modèle cosmologique. Plusieurs autres modèles ont spéculé sur l'avant Big-bang, mais je suis le seul qui en parle avec conviction.

En plus, j'ai été surpris, à la fin de mes travaux du Tome I, de découvrir que mes recherches sur la restitution actualisée du modèle biblique ont rejoint à peu près le modèle de cordes. Comme je l'ai dit, la théorie de cordes a pour créateur le physicien italien Gabriele Veneziano en 1968.

En voici un extrait de son discours :

« Dans mon scénario, on part d'un ***Univers presque vide****, très, très dilué avec des interactions très faibles entre les composants. Dans ce quasi-vide, il y a cependant des instabilités qui peuvent devenir catastrophiques et entraîner des effondrements gravitationnels comme un* ***trou noir****. Et l'Univers que nous connaissons* ***sortirait de ce quasi-vide initial à travers ce trou noir*** *». (***Gabriele Veneziano**, interview par Guy **DUPLAT**).

(Cfr :http://www.lalibre.be/archive/qu-y-avait-il-avant-le-big-ba

ng ; publié le 15/12/2005).

Le Principe divin du couple Moon qualifie l'Univers comme étant l'aspect visible du Dieu invisible.

Le cosmos comprend le Monde spirituel (invisible) et le Monde physique (Univers). L'Univers contient, dans ses espaces vides, les galaxies, la matière noire, l'énergie noire et d'autres corps errants. Les galaxies contiennent les trous noirs, les étoiles, les planètes, les exoplanètes et d'autres corps sillonnant dans le vide comme les astéroïdes, les comètes et les météorites. Les planètes contiennent les continents, le gaz et l'eau sous diverses formes. Les continents de la terre contiennent les pays.

1.3. Cosmos, sphère en dehors de l'univers

Comme nous l'avons dit dans l'introduction de ce chapitre, le cosmos représente le Monde spirituel et le monde physique, traduit par la phrase « Dieu créa les cieux et la terre ».

Quand nous parlons de l'avant Big-bang et de l'après Big-bang, nous sommes dans la sphère physique. Le Cosmos englobe cette sphère. De ce fait, nous ne pouvons pas classer le cosmos dans la sphère d'avant Big-bang. La sphère d'avant Big-bang a un début, d'où la phrase biblique :« Dieu créa ». Cette création de l'Univers commença à partir du moment où le mot terre fut prononcé pour la première fois dans la Bible avec sa description, à savoir « une terre informe et vide ».

Nous avons dit qu'au tout début de l'Univers il n'y avait qu'un vide, comme le dit la Bible« la terre (Univers) était informe et vide ». Mais qu'est-ce qui nous dit qu'on n'était en face des deux sphères où l'on pouvait faire la distinction entre la sphère spirituelle (les cieux) et la sphère matérielle (l'Univers) ? D'autant qu'elles étaient, pour un observateur fictif, visiblement vides ? Et comment ce vide est rempli, aujourd'hui, des structures physiques ?

Les réponses nous viennent de la science et cela à travers la physique quantique. En parlant d'une terre sans forme et vide, donc matériellement inexistante, les physiciens ont constaté que le vide est rempli d'énergies physiques qui peuvent être virtuelles ou élémentaires. Là, c'est la réponse à la première question qui permettait de distinguer entre les cieux et la terre.

Dans les cieux on retrouve des particules qui ne peuvent pas être détectées physiquement. Or, à travers le rayonnement ou la projection divine, il s'est formé une sphère où ces particules sont devenues denses par rapport aux éléments spirituels, devenant ce qu'on appelle les particules virtuelles, contenues dans une terre informe et vide ou l'Univers à son début.

La seconde question était : « Comment ce vide est rempli aujourd'hui des structures physiques ? » Cette question peut aussi se formuler comme ceci : « Comment pouvons-nous imaginer le début de l'Univers ? Comme je l'ai dit, la réponse nous vient de la science dans la mécanique quantique, mais nous avons préféré le développement du physicien chimiste **Il y a Prigogine** qui a écrit **dans le "Temps à devenir"** :

« Un *aspect essentiel est le passage de particules virtuelles à des particules réelles. Les particules virtuelles sont des particules qui se créent par paires, qui vivent un certain temps et puis se recombinent par suite du principe d'incertitude de Heisenberg. Les particules réelles, au contraire, ne doivent plus se recombiner; elles ne sont plus tenues par un fil l'une à l'autre. Donc la création de l'Univers, la création de la matière telle que nous la connaissons, correspond avant tout à une création de possibilités, créant à la fois des phénomènes désordonnés et des phénomènes hautement organisés.* »

(Cfr : http://www.matierevolution.fr/spip.php ? article38 **Le vide, ... pas si vide, le** 23/06/2010, par Robert Paris).

Le vide étant donc plein de particules virtuelles. On comprend alors que le réel n'est autre qu'une transformation s'exerçant sur des particules virtuelles. »

Section 2
Différences entre le ciel et la terre bibliques et le Ciel et la Terre géographiques

2.1. Ciel et terre bibliques

Ge *1 :1-2 « Au commencement, Dieu créa les cieux et la terre. La terre était informe et vide. »*

Nous venons d'expliquer, dans la section précédente, que les cieux dont on parle dans ce verset font allusion au Monde spirituel qui nous est invisible. La terre, par contre, à travers sa définition « d'une terre informe et vide », fait allusion au monde physique appelé Univers. Ici, on parle de son commencement, c'est-à-dire que l'Univers d'avant Big-bang a commencé dans un vide.

2.2. Ciel et Terre géographiques

2.2.1. Le Ciel géographique

Parler de Ciel et Terre géographiques correspond à parler du début de l'espace-temps. Tous les astrophysiciens disent que l'espace et le temps, dans l'Univers après Big-bang, ont commencé à partir du Big-bang, rejoignant ainsi la Bible. Comment cela s'est-il effectué ?

Ge 1 :2 « ...un vent de Dieu se mouvait sur les eaux »

Ge 1 :6 *Dieu dit : "Qu'il y ait une étendue entre les eaux, et qu'elle sépare les eaux d'avec les eaux. 7 Et Dieu fit l'étendue, et il sépara les eaux qui sont au-dessous de l'étendue d'avec les eaux qui sont au-dessus de l'étendue. Et cela fut ainsi. 8 Dieu appela l'étendue ciel. Ainsi, il y eut un soir, et il y eut un matin : ce fut le second jour.*

Dans le verset 2 ci-dessus, on nous dit : « un vent de Dieu (énergie) », qui est un attribut de Dieu, se mouvait dans l'eau qui était la représentation des particules originelles. À partir du verset 6 de la Genèse, Dieu sépara cette eau ; c'est le Big-bang :

« qu'il y ait une étendue entre les eaux » et « Dieu appela l'**étendue** Ciel ».

Dès maintenant, nous avons une définition claire du Ciel géographique. C'est l'étendue ou l'espace vide qui sépare tout et qui englobe tout. Cet espace vide commence même là où je pose mes pieds. Cet espace vide dont on ne connaît ni le début ni la fin. Cet espace qui englobe tout l'Univers observable et non observable contenu dans le cosmos. Nous pouvons dire que l'espace géographique, c'est la partie visible du ciel. De ce fait, on peut aussi le qualifier de ciel, mais ce n'est qu'un contenu.

Ainsi, c'est à partir de ce verset : « Dieu sépara les eaux d'avec les eaux », en formant l'étendue, que l'espace et le temps se créèrent dans notre Univers d'après Big-bang. Toutefois, avant le Big-bang, nous ne savons comment quantifier les temps que les événements bibliques décrits au premier jour (Ge 1 :2-5) ont nécessité. Mais du fait qu'il y eut un vent de Dieu sur la matière originelle, le réchauffement qui créa l'émergence de la lumière et la température extrême de l'Univers condensé, nous pouvons dire qu'il y avait aussi le temps dans l'avant. Et, puisqu'on a parlé de l'abîme qui signifie déformation du tissu de l'espace, c'est qu'il y avait aussi de l'espace.

Avec ces précisions, que pouvons-nous dire ? Le schéma de la création biblique est-il complet ou incomplet ?

2.2.2. La Terre géographique ou la planète Terre

Nous avons dit que la terre dont on parlait dans Genèse 1 :1 où il est écrit *« Au commencement, Dieu créa les cieux et la terre »*, n'avait rien à voir avec la planète Terre. Dans ce verset, il s'agissait de l'Univers à son début.

La Bible a commencé à parler de la planète Terre à partir de la troisième période de la création à travers les versets suivants :

Ge 1 : 9 Dieu dit : « Que les eaux qui sont au-dessous du ciel se rassemblent à un seul endroit et que le sec apparaisse ! » Et cela se passa ainsi. ***10*** *Dieu appela le sec terre, et la masse des eaux mers. Dieu vit que c'était bon.*

Comme on le voit, c'est à partir de cette étape que la Bible a parlé de notre planète Terre ou Terre géographique et que ce nom n'avait rien avoir avec le verset « Dieu créa les cieux et la terre » qui représentaient les sphères spirituelles et physiques.

2.2.3. Récapitulatif

Les grands ensembles du cosmos :

1) Cosmos

Gé 1 :1 Au commencement

Dieu créa les cieux et la terre

-Monde spirituel (Cieux)

-Monde physique (terre)

2) Monde spirituel : cieux

- Royaume des cieux
- Paradis
- Enfer

3) Monde physique

Gé 1 :2 Une terre informe et vide

Univers

4) Univers

Espace, matières noires, énergie noire, Galaxies

5) Galaxies

- Etoiles
- Planètes
- Exoplanètes
- Autres corps célestes

6) Planètes et exoplanètes

- Continents
- Eaux
- Gaz

Chapitre III :
L'avant Big-bang

Pour la science, avant l'invention du Modèle Cosmologique Universel, l'avant Big-bang était une période non spéculative, comme m'a répondu un Français dans un blog. Ce dernier me dit :

« *Ceci étant, nul ne sait modéliser avec précision cette zone mystérieuse en dessous de la longueur et du temps de Planck, cela reste une aporie* ».

(Cfr : zevengeur.wordpress.com/2014/01/16/histoire-de-l'univers Partie 6 : Modèle Janus, le futur de la cosmologie ?).

Mais, à la lumière de tout ce que nous sommes en train de démontrer dans ce livre dans le cadre du Modèle Cosmologique Universel, il n'en sera plus ainsi et les scientifiques vont se mettre de nouveau au travail.

Section 1
Généralités sur l'avant Big-bang

1.1 L'étude de l'avant Big-bang est physique

Nous avons défini le Modèle Cosmologique Universel comme étant la restitution scientifique du schéma de la création biblique. Ce schéma est contenu dans la Bible dans le livre de la Genèse, chapitres I et II. L'auteur de ce schéma que nous appelons le Modèle biblique ou le récit biblique de la création, est Moïse. Je suis le premier dans l'Univers à offrir une explication de ce schéma dont jusque-là personne n'a compris même le premier verset qui dit que « Dieu créa les cieux et la terre ».

Dans le chapitre I de la Genèse, Moise fait de Dieu le seul créateur de l'Univers. Dans le chapitre II par contre, outre le fait d'attribuer à Dieu la création de l'Univers, Moïse entre effectivement dans la cosmologie avec des phénomènes évolutifs, allant de la création, en évoquant le développement climatique de l'Univers, jusqu'à la façon dont on est passé d'asexuée à sexué en utilisant l'homme comme cas de figure.

Tout ceci est pour dire que nous ne venons pas, dans le cadre du Modèle Cosmologique Universel, imposer le Modèle biblique comme un acte de foi. Si l'équipe de Fred Hoyle nous a laissé la nucléosynthèse pour expliquer l'évolution de la matière à partir des atomes, le Modèle Cosmologique Universel nous offre plutôt les propriétés contenues à partir des particules virtuelles et qui ont permis leur assemblement ou fusion jusqu'à devenir les particules réelles.

Nous ne pouvons pas aller au-delà de ces particules compte tenu de notre connaissance actuelle. Toutefois, dans le tome I, j'ai offert le cheminement qui est allé du spirituel au physique en tant que créateur du Modèle Cosmologique Universel. Même la Bible n'a pas touché à cela, malgré que le livre de la Pensée de l'unification, un autre manuel d'enseignement du Rév. Sun Myung Moon, l'a frôlé avec un langage religieux dont je ne saurais le faire intervenir dans ce manuel. Même si je suis allé plus loin, ce qui est important pour la physique et ne peut passer inaperçu, c'est le début de l'Univers dans le vide.

Mais comment ces énergies du vide sont-elles entrées en action? La science appelle cette attraction au niveau microscopique « la graviton ». Mais quel est le pouvoir causal de cette graviton? La réponse se trouve plutôt dans l'étude assidue du Principe de la création dans : Principe de la création et de la pensée de l'unification du Rév. Sun Myung Moon, car cela s'est fait à partir des caractéristiques duales de Dieu dotées à chaque élément à partir des particules virtuelles. Si nous pouvons rectifier scientifiquement cette phrase, nous pouvons dire que c'est à partir des caractéristiques duelles dont dispose ces particules.

Donc, si le modèle standard nous a amenés la nucléosynthèse, le Modèle Cosmologique Universel vient de nous amener le principe de la création qui explique les origines de la force au niveau microscopique et sa manifestation telle qu'étudiée dans la mécanique quantique dont nous avons baptisé la synergie sous le nom de la « physique de la création ».

L'univers selon la Bible a commencé par un vide qualifié d'une terre informe et vide, c'est-à-dire le néant et le chaos. Les astrophysiciens ont découvert que le vide est bourré d'énergie. Ce sont ces énergies, en entrant dans l'action de donner et recevoir, telles que décrites dans le Principe de la création et étudiées en mécanique quantique, qui ont abouti aux énergies réelles. Ces phénomènes n'ont pas échappé à la Bile et cela a été décrit par le verset biblique version Jérusalem « un vent de Dieu se mouvait sur les eaux » (Gn 1 :2).

Dans le Documentaire scientifique : « **L'UNIVERS, A-T-IL JAMAIS COMMENCÉ ?** » conférence de l'astrophysicien français ETIENNE KLEIN, le scientifique se méfie de la singularité du Big-bang qu'il considère comme une étape transitoire, et démontre que l'étude sur l'avant Big-bang ne peut pas être considérée comme métaphysique, mais physique

Dès qu'on commence à aborder le point concernant l'avant big-bang, les astrophysiciens cessent de respirer. Ils considèrent ce point comme si on demandait à un croyant « qui a créé Dieu ? » Toutes les réponses proposées jusque-là concernant l'avant Big-bang n'ont fait que décevoir tout le monde. Personne ne pensait que la réponse se trouvait déjà dans la Bible

En effet, l'histoire de la création selon la Bible, a été déjà jetée à la poubelle par les savants. Il a fallu sa restitution dans « le Modèle Cosmologique Universel » pour que les savants découvrent qu'ils avaient tant de réponses à la main.

Ainsi, avec le Modèle Cosmologique Universel dévoilant les contenus de grande masse de l'Univers avant le Big-bang, les savants vont de nouveau faire reculer le temps, en étudiant davantage le rayonnement fossile qui serait le premier rayonnement qui est apparu avant le Big-bang, qualifié de « lumière » par Moïse. Mais, avant cela, voyons le principe de base qui fut à l'origine de la formation de l'univers.

1.2. Connaissance de l'avant Big-bang dans l'antiquité

Dans le Tome I, nous avons longuement parlé de la connaissance de l'avant-Big-bang par les philosophes antiques, particulièrement Empédocle.

Nous savons que l'avant Big-bang est une période qui n'est pas encore reconnue scientifiquement. C'est dans le schéma de la création biblique, écrite il y a de cela 1 500 ans av. J.-C., par Moïse. Un schéma similaire fut décrit par le philosophe Empédocle qui vécut au Ve siècle av. J.-C. sans avoir eu la connaissance biblique.

Alors que pour la science le temps et l'espace n'existaient pas pendant cette période, à travers la Bible nous découvrons que ce fut une période très mouvementée, qualifiée de premier jour, comme nous pouvons les lire :

Ge 1 : 2-5 *« La terre était informe et vide; il y avait des ténèbres à la surface de l'abîme, et l'Esprit de Dieu se mouvait au-dessus des eaux. 3 Dieu dit : Que la lumière soit! Et la lumière fut. 4 Dieu vit que la lumière était bonne; et Dieu sépara la lumière d'avec les ténèbres. 5 Dieu appela la lumière jour, et il appela les ténèbres nuit. Ainsi, il y eut un soir, et il y eut un matin : ce fut le premier jour ».*

Quant à Empédocle, il a décrit les événements qui se sont déroulés à l'avant Big-bang comme-ci : « *À l'origine, tous les éléments, unis par l'Amour, formaient une masse homogène appelée le « sphérus »*. (Cfr : Empédocle, Wikipédia). Ici, on parle des éléments qui s'unissaient avant qu'on arrive à une masse homogène appelée le « sphérus » démontrant effectivement qu'il y avait une force qu'il qualifia de « l'amour » et que ce fut aussi une période mouvementée. Nous avons développé les contenus de toutes ces périodes de l'avant Big-bang jusqu'au Big-bang, que ce soit celles décrites dans la Bible ou dans les modèles antiques, dans le Tome I.

Avec ces deux témoignages de Moïse et d'Empédocle, deux grands savants qui ne se connaissaient pas et qui ne se sont jamais lus, il devient désormais malhonnête à un astrophysicien, qu'il soit Américain, Français, Russe ou Chinois, de répondre à quelqu'un qu'on ne sait pas ce qu'il y avait avant le Big-bang. La seule réponse devient désormais : « les évènements d'avant Big-bang sont décrits dans le premier livre cosmologique, à savoir la Bible, au premier jour de la création, dans le livre de la Genèse. Mais tous les scientifiques s'y penchent pour le moment pour éclaircir les évènements qui ont eu lieu durant cette période ».

Cette réponse correspond effectivement à l'injonction que Dieu m'a donnée, à savoir : « Dites à tout le monde de s'inspirer du récit biblique de la création ». Dieu n'a pas dit aux gens de croire, mais de s'inspirer; c'est-à-dire de l'étudier et de l'approfondir afin que chacun aboutisse lui-même à la vraie conclusion; tout comme il m'a laissé me débrouiller seul.

Comme nous l'avons fait au Tome II, où nous avons consacré un chapitre pour répondre aux physiciens athées (l'univers des athées), nous allons aussi consacrer tout un chapitre ici, à la fin, pour répondre aux différentes questions que m'ont posées certains internautes dans différents forums sur le web, dont principalement dans Quora.com, concernant surtout l'avant Big-bang et le Big-bang.

Section 2
La physique de la création

La physique de la création, dont nous en avons parlé aux Tomes I et II, comprend le Principe de la création du Rév. Dr. Sun Myung Moon et la mécanique quantique. Le Principe de la création nous fait ressortir les propriétés intrinsèques des particules qui leur donnent la capacité de se mouvoir et à travers la physique quantique, les astrophysiciens nous offrent les résultats de cette mouvance qui a abouti à la matière de la particule réelle à la matière.

Nous ne pouvons pas parler de ce qui s'est passé dans l'avant Big-bang sans offrir notre contribution en faisant ressortir les propriétés des particules virtuelles. Nous l'avons fait déjà au Tome I, ainsi, nous allons tirer plusieurs paragraphes pour l'enseignement des astrophysiciens qui vont lire seulement ce Tome avant de se décider de revenir aux Tome I et II pour plus de détails.

L'histoire de la création est attribuée à Moïse et est contenue dans la Bible. C'est grâce à certaines notions que nous avons pu joindre les puzzles pour créer le Modèle Cosmologique Universel.

2.1. Les contenus de la physique de la création

L'enseignement de base qui nous a permis de comprendre l'origine et le principe de fonctionnement de l'Univers est Le Principe de la création du Rév. Dr. Sun Myung Moon. À travers ce principe, nous avons compris que nul ne peut mieux expliquer le Modèle Cosmologique Universel sans la connaissance élémentaire de la Parole de Dieu, de la cosmologie et du Principe de la création contenue dans le livre du Principe divin du couple Moon. Ajoutés avec les notions de la mécanique quantique, cela forme la physique de la création.

Donc, en parlant de la physique de la création et du Modèle Cosmologique Universel, on s'écarte de tout jugement qu'on peut apporter à ces écrits sacrés que sont le Principe divin, la Bible ou autres livres sacrés.

Je porte moi-même la responsabilité des jugements des écrits ou des versets sélectionnés. Ainsi, j'offre ces deux définitions :

– Le Modèle Cosmologique Universel est la restitution scientifique du récit de la création biblique. Son champ commence à partir du moment où le récit de la création biblique parle d'une « terre informe et vide », signifiant l'Univers dès son origine jusqu'à la dernière étape qui est la création de l'homme et de la femme.

– La Physique de la Création englobe toutes les branches de la physique ou toutes les pensées des physiciens, religieux ou philosophes qui ont raisonné sur le cheminement qui va du vide aux premières particules.

– Le livre « LES VERSETS DES SAVANTS », quant à lui-même, étend son domaine d'action jusqu'au second avènement du Christ qui sera développé les tomes suivants.

Nous avons dit que toutes les théories scientifiques développées aujourd'hui comme ayant abouti à la formation des particules primitives, sont des phénomènes qui ont eu lieu au temps du chaos d'avant Big-bang selon le Modèle Cosmologique Universel et font partie désormais de la physique de création.

En effet, le Big-bang étant caractérisé par une accélération exponentielle de l'Univers, dénommée « inflation », il aurait été impossible durant ce laps de temps estimé en millisecondes, dans ce plasma cosmique, que les éléments se créent en partant des particules virtuelles aux atomes en l'espace de 10^{-43}(10 exposants -43) secondes à 3 minutes. Ce fut plutôt un temps de libération de ce qui a été déjà créé.

Pour les astrophysiciens, pendant cette accélération exponentielle l'Univers s'est fortement agrandi et cela lui a permis de se refroidir pour que les particules subatomiques se fusionnent. Commencée à 10^{15} °C, quels furent la température et le volume de l'Univers pour qu'à trois minutes, les particules se fusionnent ? Aux savants eux-mêmes d'étudier et de rectifier cet argument qui a été écoulé en théorie dans le modèle standard.

Voici une illustration du Big-bang ou de la séparation des eaux d'avec les eaux :

Image :
https://qph.fs.quoracdn.net/mainqimg4d67c1855b85cf03a4ee56
8083747e3d

« Avec une telle violence lors du Big-bang, est-ce les éléments ont-ils eu le temps de se fusionner en l'espace d'une millième de seconde à 3 minutes en partant des particules virtuelles, de cohésion particules – antiparticules, en passant par l'interaction forte des quarks jusqu'à former l'atome » ?
*(*Flavien PhanzuMwaka*).*

Ce que la science n'a pu relever jusque-là est que si le modèle d'inflation cosmologique a offert une solution au problème de l'horizon ainsi qu'au problème (Cfr : Wikipédia; Principe cosmologique), elle en crée plutôt pour ce qui est de la création des éléments primitifs en allant des particules virtuelles à l'atome. Mais, ce modèle a été présenté jusque-là comme celui qui a résolu aussi le problème de la constitution des atomes. Si tel est le cas, les scientifiques devraient aussi accepter la phrase biblique « Dieu dit et la chose se fit », car, même si on est magicien, entre « dit et fit », il y a toujours un écart des secondes.

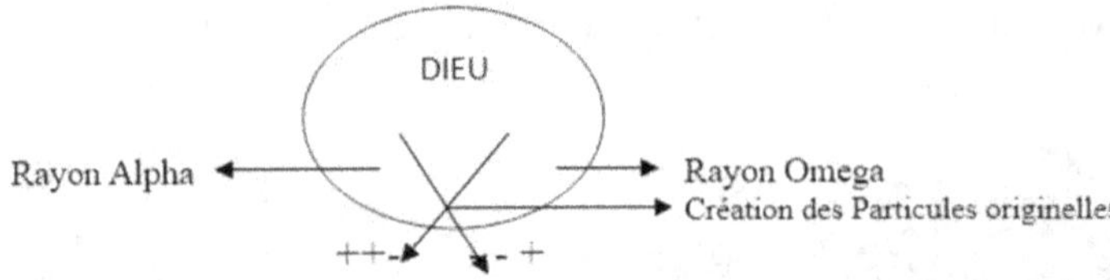

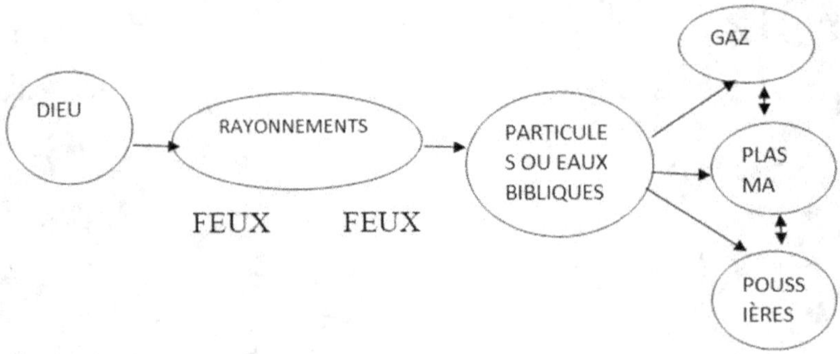

Ap 22 :13 « Je suis *l'alpha et l'oméga, le premier et le dernier, le commencement et la fin* ».

Ce schéma peut être compris par la phrase scientifique suivante :

« *Aux origines de l'histoire de l'Univers, ce dernier était constitué d'un champ de rayonnements à très haute énergie qui lors d'un « tohu-bohu » a généré des particules matérielles à hauteur d'environ 1 % de l'énergie initiale. Ce dernier est d'ailleurs aujourd'hui toujours présent avec une densité d'énergie très faible sous la forme du fameux fond cosmologique résiduel* ».

(Cfr : zevengeur.files.wordpress.com/2018/07/instant-zéro).

Tous ces raisonnements des scientifiques concernent pour eux l'après-Big-bang, mais, selon le Modèle Cosmologique Universel, la création des particules primitive s'est faite dans l'avant Big-bang, même si après le confinement, elle s'est comportée d'abord comme une soupe plasmique.

Dieu étant la source des énergies, après avoir actionné le mouvement circulaire de l'Univers, ce que Moïse aurait pu dire par « Dieu dit que la terre tourne » ; tout commença à être créé par là. Dieu, c'est l'action. Cette vérité, même la science ne peut la contredire. Nous pouvons le voir par cette affirmation :

« *Le* vide *en* mécanique quantique *n'est pas réellement vide. Tout le temps, autour de nous, partout, à chaque instant, des paires de* particules *et d'*antiparticules *sont créées, à partir de rien.*
(Aurélien Barrau, astrophysicien, interrogé par futura-Sciences, Par Jonathan SARE, Futura-Sciences 01/08/2016)

Ainsi, voyons les notions qui peuvent nous permettre de comprendre comment la brisure des symétries des particules virtuelles dans un univers vide s'est réalisée pour qu'on aboutisse aux particules réelles. Toutefois, mon introduction permettra aux savants de l'enrichir. Comme je l'ai dit le Modèle Cosmologique Universel ne vient pas pour clôturer, mais pour permettre aux astrophysiciens de l'enrichir, particulièrement l'avant Big-bang, ce qui peut corriger automatiquement plusieurs théories de l'après Big-bang contenues dans le Modèle standard et d'autres modèles.

2.1.1. Les principes de la création

Le Principe de la création, branche du livre de « Principe divin » du Rév. Dr. S.M. MOON et la collection des livres « Les Versets des Savants », constituent le fondement pour que les chercheurs s'intègrent désormais dans la compréhension scientifique de Dieu, ainsi que sur les origines de l'univers jusqu'à l'homme.

Connaissant mieux l'univers et ses principes, et pour pouvoir mieux l'expliquer aux savants sans utiliser des paraboles et des symbolismes, mais un langage scientifique approprié, le Rév. Dr. Sun Myung Moon, dont nous avons retracé la vie au Tome I, était obligé de faire les études d'ingénierie au Japon. Ces déductions qui expliquent mieux Dieu, l'origine de l'Univers et son éternité, se trouvent consignées dans le Principe de la création, chapitre du Principe divin, ainsi que dans ses nombreuses œuvres.

L'originalité du Principe de la création est qu'il intègre l'aspect causal et cherche à expliquer le fonctionnement de l'Univers à partir des caractéristiques de Dieu lui-même.

De ce Principe de la création, nous avons trié seulement quatre points qui intéressent la science physique et qui feront partie de la « Physique de la Création », tout comme la physique quantique. Grâce à ces quatre points du Principe de la création, plusieurs énigmes de l'Univers seront résolues par les scientifiques, comme l'a dit Mme Moon dans un de ces récents discours :

« Si vous prenez ce qui est enseigné dans le Principe divin et que vous commencez à l'appliquer dans les différents domaines, vous allez découvrir et être à mesure de pouvoir expliquer beaucoup de choses (énigmes) ».

2.1.1.1. Les quatre points du Principe de la création

Les quatre points du Principe de la création; branche du livre du Principe divin du Rév. Sun Myung Moon qui feront partie de la physique de la création et feront désormais le sujet d'étude sont les suivants :

– Les caractéristiques duelles de Dieu, d'où découle le fonctionnement de l'Univers;

– L'Énergie Première universelle : qui décrit la source de l'énergie et son extension dans l'Univers;

– La période de croissance des êtres créés, qui dévoile que les jours bibliques sont des périodes, et que tout suit une évolution.

– Le monde spirituel et le monde physique, dont le Rév. Dr. Sun Myung Moon fut le seul à décrire les liens qui les unissent et qui forment le cosmos.

Tous ces quatre points du Principe de la création sont désormais basculés vers la science pour leur approfondissement dans la « Physique de la création ».

2.1.1.1.1. Les caractéristiques duelles de Dieu

L'univers est dynamique. La dynamique de mouvement de l'Univers est constatée par les scientifiques à travers les écrits ci-dessous dont, ils n'arrivent pas à donner une explication convaincante :

« Sans prétendre que notre Univers tourne bien rond, force est de constater que partout, des objets les plus proches aux plus lointains, des plus modestes aux plus gigantesques, on observe

une grande valse effrénée : mouvements de rotation propre des planètes, des étoiles, des galaxies, mouvements de révolution de ces mêmes planètes, des étoiles doubles..» (Cfr : H. GIÉ : Le moment cinétique à travers l'Univers* BULLETIN DE L'UNION DES PHYSICIENS P.427 N° 712, Paris).

Cette dynamique trouve son essence dans les caractéristiques duales de Dieu dotées à ces particules. Certains scientifiques, qui tentent d'expliquer cette force, commencent à la qualifier de gravitons. Voilà pourquoi la connaissance des caractéristiques duales de Dieu, expliquée dans le Principe de la création, est très capitale pour mieux comprendre le dynamisme au sein de l'Univers.

Comme nous l'avons dit, l'univers est une projection divine. Ici, le mot projection doit être pris dans le sens de donner naissance. Dieu a donné naissance à l'Univers et celui-ci ne peut refléter que ces caractères. Nous ne sommes pas dans la religion mais dans la physique parce que nous allons nous baser sur ces caractéristiques physiques qui font que tout est dynamique dans l'Univers.

En effet, les caractéristiques duales de Dieu commencent déjà à se manifester à travers les particules virtuelles, élémentaires et subatomiques. La dynamique au niveau des particules élémentaires est connue sous le nom de spin, qui est leur caractéristique intrinsèque fondamentale. Donc, les effets des caractéristiques duales de Dieu commencent déjà à partir des particules élémentaires. Par exemple, on remarque qu'un électron ne retrouve son état de départ que par un double tour : c'est ce que l'on appelle une particule de spin ½.

L'univers étant le prolongement visible de Dieu invisible, avons-nous dit, nous ne pouvons mieux comprendre son fonctionnement qu'à travers les caractéristiques communes et visibles de la création comme expliquées dans le Principe de la création. Ces caractéristiques trouvent leur source en Dieu invisible manifesté à travers la création, comme le confirme le verset suivant :

Rm1 : 20 « En *effet, les perfections invisibles de Dieu, sa puissance éternelle et sa divinité, se voient comme à l'œil nu, depuis la création du monde, quand on les considèredansses ouvrages. Ils sont donc inexcusables* ».

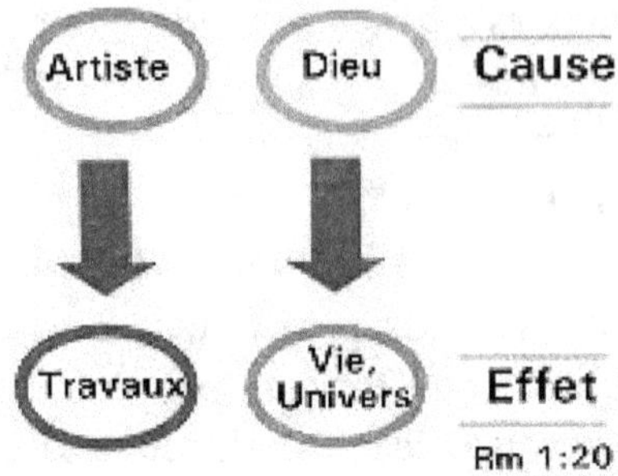

Source : Les Principes divins, niveau 4, p.13

La grande sagesse de Saint Paul, dans ce verset (Rm 1 :20), nous rappelle que quiconque dit qu'il ne connait pas Dieu, n'analyse pas bien la création et lui-même. Le Rév. Dr. Sun Myung Moon fut le premier à le faire ressortir dans le Principe de la création sous l'appellation des « Caractéristiques duales de Dieu ». Dans ses recherches, il a abouti à la conclusion que tous les êtres sont constitués des caractéristiques duelles suivantes :

1) Toutes les matières, des particules à l'homme, sont constituées d'une entité invisible et d'une forme extérieure appelée masse en science, selon le tableau suivant :

CRÉATION	Entité invisible (intérieure)	Masse [forme extérieure]
Homme	Cœur [âme] et Esprit	Corps
Animaux	Esprit animal	Corps
Plantes	Esprit végétal	Corps
Molécules	Nature inhérente	Énergie/matière
Atomes	Nature inhérente	Énergie/matière
Particules	Nature inhérente	Énergie/matière

Comme Saint Paul l'indiquait, en examinant les caractéristiques qui sont universellement présentes dans les divers éléments de la création, nous en venons à connaître la nature de Dieu : Il est la Cause première de tout l'Univers, en position de partenaire sujet, avec les caractéristiques duales harmonieuses de nature intérieure et de forme extérieure originelles.

Tout ce qui est inexpliqué scientifiquement dans ces êtres trouve sa causalité dans leurs entités invisibles. La Bible décrit cela par le verset « *L'Eternel Dieu forma l'homme de la poussière de la terre, il souffla dans ses narines un souffle de vie et l'homme devint une âme vivante* » [Ge 2 :7]. La poussière de la terre représentant la masse et l'entité invisible est représentée par le souffle de vie. Une explication détaillée est contenue dans le livre « Présentation du principe divin : éd. Culture et Paix, Paris, 2013, Pp 21-25 ».

2) Toutes les matières, de la particule à l'homme, sont constituées d'une entité positive et d'une entité négative selon le tableau suivant :

CREATION	Entité positive	Entité négative
Homme	Homme	femme
Animaux	Mâle	femelle
Plantes	Etamine	pistil
Molécules	Cation	anion
Atomes	Positif	négatif
Particules	Positif	négatif

Ayant ainsi découvert ces caractéristiques duelles invisibles dans la création qui en fait n'est que l'effet, le Rév. Dr. Sun Myung Moon en déduit que l'origine devrait provenir de la cause, c'est-à-dire du Créateur qui est Dieu. Par conséquent, l'Univers est régi par des lois et principes en provenance de Dieu lui-même qui est l'incarnation de ces mêmes caractéristiques duelles : invisible-masse, positivité-négativité, masculinité-féminité. On doit insister sur le fait que l'invisibilité de Dieu et sa forme extérieure n'existent pas comme des entités indépendantes, mais en relation réciproque harmonieuse.

Selon le principe de la création, branche du Principe divin du Rév. Dr. Sun Myung Moon, nous lisons ceci :

« *Dans la nature, nous découvrons que dans toute la création il existe une relation réciproque entre la positivité et la négativité. Par exemple, les atomes sont formés à partir de la relation réciproque entre les éléments positifs et les éléments négatifs. Les atomes eux-mêmes, composés des particules, ont des caractéristiques positives ou négatives. Sur la base de telles caractéristiques, deux ou plusieurs atomes entretiennent une relation réciproque, formant des molécules. Toutes les plantes et tous les animaux existent et se renouvellent en vertu de myriades de relations intérieures et extérieures interdépendantes d'éléments positifs et négatifs. L'humanité est composée d'hommes et de femmes et la société humaine existe, se multiplie et se développe par relations réciproques entre hommes et femmes* ».

(Cfr : Principe divin, niveau 4, Pp.15-17)

En malaxant ces tableaux, le Rév. Dr. Sun Myung Moon est arrivé à la déduction que la relation entre la positivité et la négativité dans les êtres est semblable à celle qui existe entre l'entité invisible de chaque corps et sa masse. Ainsi, la création est faite de telle manière que tout existe par une relation réciproque de positivité et de négativité. C'est de là que découlent plusieurs lois que la science a formulées, comme la loi de Coulomb qui dit que « deux charges de signes contraires s'attirent » et ont tendance à revenir à l'unité, ajoutais-je. Par-là, je conclus aussi que la gravitation n'est qu'une conséquence de ces caractéristiques.

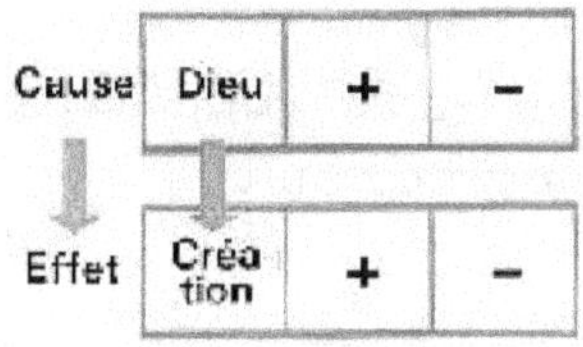

Source : Les Principes divins, niveau 4, p.17

À travers tout ceci, nous comprenons que la rotation qu'animent les choses célestes trouve son essence à partir des spins des particules. Mais qu'est-ce qui crée ces dynamismes appelés spin à partir des particules élémentaires ? C'est la projection des caractéristiques divines qui se retrouvent dans chaque particule.

En effet, toutes les caractéristiques masculinité-féminité, positivité-négativité, invisibilité et masse étant unies et en harmonie en Dieu sont appelées caractéristiques duelles originelles. Étant projetées dans la création, elles tendent, selon le Principe de la création, à revenir à l'unité, tout en créant la multiplication et le développement.

La Bible décrit cela par les versets : « *Dieu créa l'homme à son image, à son image il créa l'homme et la femme* » (Ge1 :27). L'homme et la femme possèdent en eux un esprit invisible et une forme extérieure (masse). En plus, l'homme représente la positivité et la femme la négativité. La source de tout ceci est Dieu selon le verset ci-dessus. Toutes ces caractéristiques auront aussi comme conséquence l'union de l'homme et de la femme, et Moïse l'a fait ressortir comme loi dans un sens figuré « *C'est pourquoi l'homme quittera son père et sa mère, et s'attachera à sa femme, et ils deviendront une seule chair* » (Ge. 2 : 24).

Ceci constitue la loi la plus fondamentale de l'Univers. Pour ceux qui ont lu le tome I, c'est à partir de cette loi qu'Empédocle est parvenu à expliquer le fonctionnement et le dynamisme de l'Univers au Ve siècle av. J.-C.

Donc, une particule errant dans l'Univers est une particule qui est à la recherche de son âme sœur, appelée antiparticule.

Une seule chair veut dire recréation de l'image originelle, c'est-à-dire l'image de Dieu. C'est cette loi, avons-nous dit, qui gouverne tout l'Univers, le rendant dynamique par des mouvements rotatifs et gravitationnels. Unité et unification englobent le terme physique comme fusion. Cela peut être expliqué par le schéma ci-dessous.

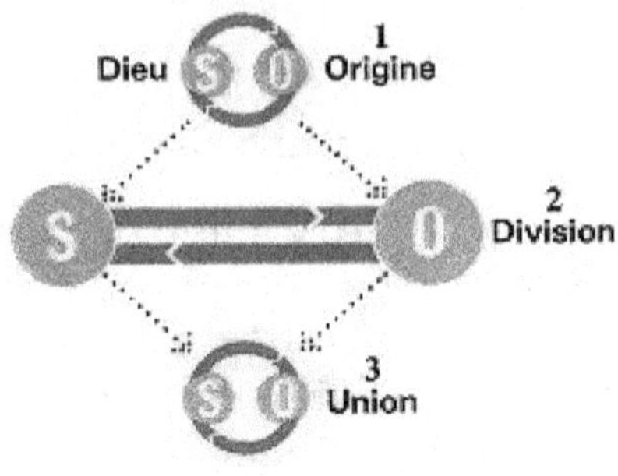

Source : Les Principes divins, niveau 4, p.24

Le schéma ci-dessus, dénommé fondement des quatre positions dans le Principe de la création du Rév. Dr. Sun Myung Moon, constitue non seulement la plus grande formule mais aussi la plus grande solution pour comprendre tous les mystères de l'Univers. Il est caractérisé par l'action d'origine, division et union.

Dans ce schéma, Dieu en tant qu'origine de Tout a en lui, dans son invisibilité, toutes les caractéristiques duelles représentées par **S**, c'est-à-dire Sujet comme caractère actif et **O**, c'est-à-dire Objet comme caractère passif, mais les deux sont en harmonie. Dans la création, la projection du Sujet et de l'Objet se trouve divisée, à commencer par les particules-antiparticules, aussi virtuelles soient elles. Selon la loi de Coulomb où deux charges de signes contraires s'attirent, le sujet (particule) et l'objet (antiparticule) vont entrer en interaction en s'annihilant. Selon le Modèle Cosmologique Universel, une nouvelle particule combinant les deux propriétés sera créée.

Compte tenu de la collision, le résultat sera que la nouvelle aura un plus dominant par rapport à un moins ou vice versa. Ce qui va entrainer davantage de nouvelles combinaisons ou interactions jusqu'à la création des éléments, ou ce que les astrophysiciens appellent la domination de la matière sur l'antimatière, cette énigme qu'ils n'arrivent pas expliquer.

L'étude des caractéristiques duales de Dieu dans la création fait apparaitre ce que nous appelons « l'uniformité de la création ». C'est sur la base du fonctionnement de cette uniformité que toutes les énigmes de l'Univers peuvent être résolues. Ainsi, c'est à partir de l'étude des caractéristiques duales de Dieu que peut naître « la théorie de tout » ou peut-être, moi-même je ne sais pas si je l'ai fait naître, si mes explications répondent aux préoccupations des scientifiques.

Comme je l'ai dit, les caractéristiques duales de Dieu font partie du Principe de la création, branche du Principe divin du Rév. Dr. Sun Myung Moon, faisant partie de l'enseignement doctrinal de son église et que je ne peux enseigner dans ce manuel. Nous avons tiré, comme nous l'avons dit, les parties qui ne concernent que la physique théorique.

(Cfr : Présentation du Principe divin : éd. Culture et Paix, Paris, 2013,).

2.1.1.1.1. La positivité (+) et de la négativité (—) au sein des entités

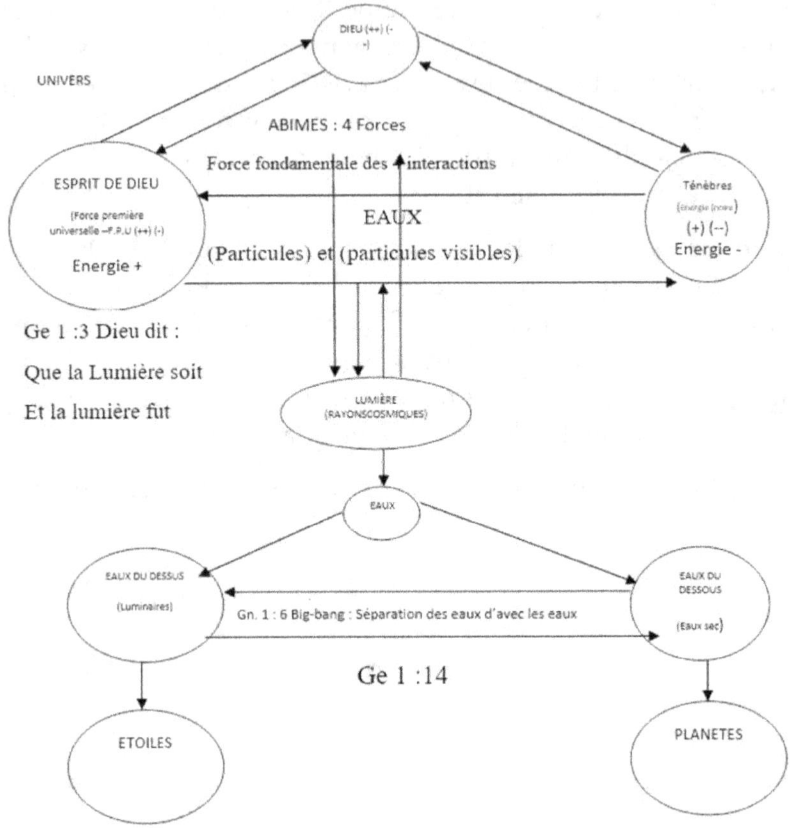

2.1.1.1.2. L'Énergie Première universelle

L'énergie est à la base de tout. Sans rien connaitre sur son origine, on ne peut qu'aboutir, comme Roger Penrose, à des univers cycliques ou à des univers tridimensionnels avec une étoile s'étant effondrée dans l'avant Big-bang. Voilà pourquoi, jusqu'à sa mort Fred Hoyle, ne voulait pas entendre parler de Big-bang et s'entêtait avec son modèle des univers stationnaires.

Pour exister en tant qu'entité éternelle et active, Dieu a besoin de l'énergie. C'est cette énergie contenue dans Dieu qui est la source de toutes les énergies. Elle est appelée l'Énergie originelle, baptisée « l'Énergie Première universelle » par celui qui a découvert cette notion, à savoir, le Rév. Dr. Sun Myung Moon. (Cfr : Présentation du Principe divin : éd. Culture et Paix, Paris,

2013, Pp 29-32).

L'étude des caractéristiques duales de Dieu et de l'Énergie Première universelle est certes un enseignement doctrinal d'une église mais qui n'a rien à voir avec une doctrine, c'est purement scientifique. Le Rév. Dr. Sun Myung Moon l'a conçu en faisant appel à ces notions en tant qu'ingénieur. Ce sont ces notions qui font la grandeur du Principe de la création du Rév. Dr. Sun Myung Moon par rapport à toutes les théories scientifiques actuelles et la grandeur du Principe divin par rapport à tous les enseignements religieux.

Même si cette notion fait partie de l'enseignement général au sein de l'église du Rév. Dr. Sun Myung Moon pour expliquer l'origine de toutes choses, en tant qu'économiste et cosmologiste amateur, avais-je dit, je ne l'ai jamais bien comprise et c'est la raison pour laquelle je ne voulais pas trop m'attarder sur ce point.

La transition à travers les êtres, des particules virtuelles à la matière, est décrite bibliquement par le verset imagé « *...il souffla dans ses narines un souffle de vie et l'homme devint une âme vivante* » (Ge 2-7). Compte tenu du niveau intellectuel de son époque, Moïse a utilisé l'homme comme cas de figure pour énoncer de grandes lois de l'Univers que nous avons restituées scientifiquement au Tome I.

Donc, selon le Principe de la création, l'EPU (Énergie Première universelle) est l'origine de toutes les énergies et de toutes les forces qui permettent aux êtres créés d'exister. Grâce à l'action de l'Énergie Première universelle, les éléments sujets et objet de chaque entité forment une *base commune* et entrent en interaction selon le schéma que nous avons présenté et qui résout tous les mystères de la création.

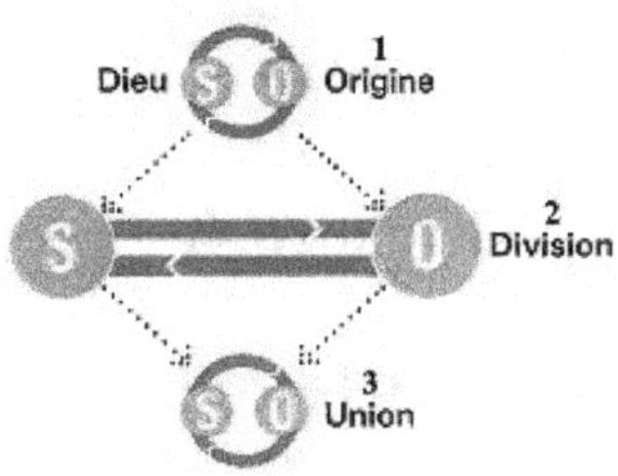

Source : Le Principe divin, niveau 4, p.24

Dans l'Univers créé, les caractéristiques duales qui composent chaque être reçoivent la puissance de l'Énergie Première universelle pour établir une base commune. Elles commencent alors une action de donner et de recevoir.

Cette relation génère à son tour toutes les forces dont l'entité a besoin pour l'existence, la multiplication et l'action. L'interaction qui génère ainsi ces forces est appelée, dans le Principe de la création, « *action de donner et recevoir* ».

En s'appuyant sur les forces générées par cette action de donner et de recevoir, selon le Principe de la création, les caractéristiques duales établissent un fondement pour leur échange éternel. Tel est le fondement grâce auquel Dieu peut exister éternellement et générer toutes les forces nécessaires pour créer et maintenir l'Univers.

(Cfr : Présentation du Principe divin : éd. Culture et Paix, Paris, 2013, Pp 29-32).

Comme nous l'avons dit, la compréhension littérale de tout ceci est très compliquée et cela demande beaucoup de schémas. N'oublions pas que c'est dans ce point de caractéristiques duales de Dieu que se cachent tous les mystères; non seulement de l'Univers, mais des êtres aussi. Il suffit de comprendre ces notions et de les appliquer dans l'entité qu'on étudie. Ce qui m'a intéressé le plus, c'est le fait d'avoir compris l'origine de la valse effrénée des éléments dans l'espace, à commencer par les spins des particules et ce que la science qualifie de graviton et de la gravitation.

BIBLE

Ge 1 :2 « ...L'esprit de Dieu se mouvait au-dessus des eaux » (Louis Segond).

Ge 1 :2 « ...un vent de Dieu se mouvait au-dessus des eaux » (B. de Jérusalem).

SCIENCE

*Documentaire : « **Nouvelle théorie du champ unifié : explication de l'Univers***

***Dynamique (première partie)** ».*

Qu'entend-on par l'Univers tourne? C'est un grand débat pour les partisans de l'Univers fini et infini. Mais en disant que l'Univers tourne, nous voulons dire que les éléments qui sont y contenus, par suite de l'Énergie Première universelle qui leur est dotée, les éléments opposés de même nature s'attirent, créant des mouvements rotatifs et circulaires. Pour quelqu'un se trouvant en dehors de notre Univers, et dont les particules lui seront visibles, il se verra en face d'une bulle tournoyant comme un essaim d'abeilles groupées autour d'une jeune reine non fécondée.

L'amas globulaire Omega Centauri vu depuis le VST de l'ESO1. *© ESO/Inaf-VST/OmegaCAM, CC by-nc 4.0*

futura-sciences.com/buildsv6/images/mediumoriginal/5/1/1/511268 f6bf_65467_etoilefs.jpg

J'ai tiré la déduction que tout dans l'Univers tourne en rond et a tendance à revenir à l'unité, à partir des études faites sur les écrits du Rév. Dr. Sun Myung Moon dans le Principe de la création. Cela est l'effet causal des caractéristiques duelles de Dieu.

En principe ce mouvement rotatif trouve son origine à partir des spins des particules dont chaque corps naturel est issu. Les particules reflétant les caractéristiques duales de Dieu se meuvent à partir de l'Énergie Première universelle contenue en eux.

Ainsi, l'Énergie Première universelle est l'énergie fondamentale de Dieu dotée dans les particules. En Dieu, tous les attributs, appelés caractéristiques duales, se trouvent unis. Projetés par Dieu et séparés, ils ont tendance à revenir à l'unité. Elle peut être positive (masculinité) ou négative (féminité), ce qui crée la force d'attraction entre deux corps de même nature, mais opposés (Loi de Coulomb ou de la dualité qui n'est autre qu'une loi naturelle dont l'origine se trouve en Dieu).

Cette force se manifestant au sein de Dieu, assurant son éternité, et au sein des particules pour leur liaison, est baptisée Force Première Universelle par le Rév. Dr. Sun Myung Moon qui en fit la découverte. Elle est non quantifiable et est différente de l'énergie potentielle ou cinétique qui nécessite une certaine force extérieure avant de se manifester. Ce point, expliqué en détail dans le Principe de la création, nous l'avons développé aussi dans le Tome I des livres de la collection « Les Versets des Savants ».

Selon le Principe de la création, Dieu est la cause première et le sujet dont les caractéristiques duelles de la forme intérieure, ou invisibilité, et de la forme extérieure sont en harmonie avec les caractéristiques duelles de positivité originelle et de négativité originelle. En un mot, Dieu c'est l'harmonie de toutes les caractéristiques. Mais, en religion, Dieu c'est l'amour. Dans la Bible en Rm 1 :20, on nous dit que ces caractéristiques se voient clairement à travers sa création, car cette dernière est l'émanation de sa projection. Cela est confirmé par cette citation du physicien Richard Feynman :

« *Toutes les choses, nous-mêmes y compris, sont faites de parties positives et négatives étroitement liées dans une interaction puissante, et toutes finement équilibrées.* »

(Cfr : Le physicien Richard Feynman dans « Leçons de physique »).

D'où le tableau ci-dessous :

Dieu (E.P.U.)	Particule (science)
harmonie	spin
Amour, esprit de Dieu	gravitation

Mais l'élément moteur de tout ceci, selon le Principe de la création auquel nous nous alignons, c'est l'Énergie Première universelle (E.P.U.) qui émane de Dieu et qui est la source de toutes les énergies dans la création. À travers ce tableau, on comprend pourquoi, à la place de la gravitation, Moïse utilisa la phrase « l'esprit de Dieu (un vent de Dieu, selon certaines versions) » et Empédocle utilisa le mot « Amour » comme nous l'avons vu dans le Tome I de la collection des livres « Les Versets des Savants ».

Ainsi, malgré que chaque être individuel semble exister indépendamment des autres, toute la création, selon le Principe de la création, tire son origine de l'idéal de Dieu qui est l'Être aux caractéristiques duelles en harmonie. Chaque être créé n'existe donc pas indépendamment mais est créé pour exister grâce à des relations réciproques.

Au niveau microscopique, les particules ont tendance à revenir à l'unité, dont les bosons servent parfois de glues. Ce dynamisme étendu au niveau macroscopique entraîne les corpsà faire de même comme l'ont constaté les scientifiques.

Celle-ci a été démontrée par l'astronome néerlandais Jan Oort comme nous pouvons le lire :

« *Entre1920 et 1930, Jan Oort, astronome néerlandais, démontra que toute la galaxie tourne dans l'espace en exécutant une rotation énorme et complexe* ».

(Cfr : Damian Grint, les mystères de l'Univers, éd. Christophe Colomb, P.119, Paris, 1985).

Ceci est dû au fait que quand on est créé dans l'espace par des éléments mobiles, on ne peut être aussi que mobiles.

D'où cette citation :

« - Le spin d'une particule serait lié au vide quantique de la manière suivante : il représenterait non une rotation de la particule mais une rotation du vide (constitué de particules et d'antiparticules virtuelles) autour de la particule. Ces quantons virtuels repoussés par la particule auraient un tel mouvement de rotation soit dans un sens soit dans l'autre, ce qui donnerait les spins up et down. »

(cfr : http://www.matierevolution.fr/spip.php?08- Lumière et matière, des lois issues du vide, mardi 14 juillet 2009, par Robert Paris)

Cette citation confirme aussi notre théorie, à savoir qu'il n'y a pas que les choses qui tournent dans l'Univers. L'Univers lui-même tourne autour de lui-même et transmet ce dynamique aux éléments qui y contiennent.

Cela fait que tout l'espace est soumis à la gravitation malgré la poussée de l'énergie noire. C'est la gravitation qui fait que l'Univers est une usine créatrice et un laboratoire.

Ceci est confirmé par la série des documentaires scientifiques ***« Nouvelle théorie du champ unifié : explication de l'Univers Dynamique ».***

Ce qui tourne, c'est cet espace vide que nous voyons, cet espace vide qui contient les galaxies. La phrase scientifique est que l'espace s'étend en parlant de l'expansion. Comme on ne connaît pas les limites et qu'on est contenu à l'intérieur, c'est difficile de remarquer cela.

Un avion qui quitte Paris pour New York est amené par deux vitesses. La vitesse rotative de la terre (1 100 km/h à la latitude de la France) qui lui est constante et sa propre vitesse. Nous-mêmes aussi, en marchant ou en dormant, nous sommes soumis à la vitesse de la terre. Sans cette constance pour les objets subissant la gravitation terrestre, l'avion n'aurait qu'à se lever droit au Ciel, jusqu'à atteindre un état d'apesanteur et attendre, avec la rotation de la terre, que New York soit sur son axe et descendre. Ainsi, c'est cette même constance de la rotation de l'Univers par rapport aux choses qui sont contenues à l'intérieur qui fait que nous ne remarquons pas cela.

Prenons un exemple à la portée de tout le monde; ferme tous les battants d'un véhicule et libère les insectes volants à l'intérieur. Ces derniers volent d'un coin à l'autre sans même s'apercevoir qu'ils sont entraînés aussi à la vitesse de 100 km/heure du véhicule. En quittant un battant en volant pour atteindre l'autre battant, ils ignorent que le véhicule leur a fait déjà traverser un territoire.

Pour une autre petite expérience de mouvement de l'Univers, prenons un ballon ou un bol couvert en verre transparent. Mettons-y à l'intérieur des choses de masses différentes susceptibles de flotter dans l'air ou dans un liquide quand on va le faire tourner. Remplissons-le et actionnons le ballon en le tournoyant à une vitesse dont l'œil humain ne peut que voir les choses à l'intérieur et non la façon dont le ballon tourne. Par leurs différentes masses, nous remarquons que les choses vont acquérir chacune leur orbite et leur vitesse rotative. Faisons exploser une masse qui se trouve à l'intérieur, il se crée un phénomène de trou noir à cause de l'espace vide laissé par la chose qui a explosé. Nous avons recréé partiellement le mouvement des objets au sein de l'Univers.

https://trustmyscience.com/un-trou-noir-supermassif-denude-parcourt-l'Univers /par Stéphanie Schmidt le 4 novembre 2016.

Nous aboutissons ainsi à la même conclusion qu'Albert Einstein, à savoir : les corps célestes exercent une pression dans l'espace où ils l'emplissent et le déforment. L'emplissent parce qu'ils se retrouvent ainsi dans une orbite qui leur permet d'accomplir leurs mouvements. Le déforment parce qu'ils entrainent les petits corps à tournoyer autour d'eux. Cela crée une stabilité dans l'espace.

2.1.1.1.3. La période de croissance pour les êtres créés

J'ai déjà traité ce point dans la discordance entre la religion et la science en ce qui concerne la notion du temps.

En effet, dans le Principe de la création, le Rév. Dr. S.M. Moon fut le premier religieux à faire un parallélisme entre le jour de la création dans la Genèse et le verset 2 P 3 : 8 qui déclare ceci : « *...c'est que, devant le Seigneur, un jour est comme mille ans, et mille ans comme un jour* ». Par-là on comprend que les jours de la création dans la Genèse n'étaient pas en réalité des jours de 24 heures. C'était plutôt des périodes.

Le Rév. Dr. S.M. Moon fut aussi le premier à pouvoir expliquer le langage biblique de « ... un soir et un matin », qui sont des périodes de croissance et d'évolution. Le chapitre premier de la Genèse nous dit que l'Univers n'exista pas instantanément ; il fut créé en six périodes graduelles. À cela, Nous lisons ceci dans le Principe divin :

« Le matin " signifie la période durant laquelle l'idéal de la création fut tout d'abord réalisé. Le " soir ", la période où Dieu cessa de créer. En comprenant le matin qui vint après le soir et la nuit ; Dieu considérait que tout ceci ne faisait qu'un seul jour. Dieu indiqua quel temps était requis pour que son idéal de la création soit réalisé. La période à laquelle Dieu commença à créer jusqu'à celle où l'idéal de la création est réalisé est une période de croissance pour tous les êtres créés et elle est représentée par la nuit, la période se situant entre le soir et le matin ». (Cfr : Principe divin, niveau 4, p.32).

2.1.1.1.4. Le monde substantiel invisible et le monde substantiel visible

Le monde invisible, ou monde spirituel, est une réalité théorique pour les croyants, mais inexistante pour la science. Le Rév. Dr. Sun Myung Moon est le premier à l'avoir réellement décrit dans ces différentes conférences et défini dans le Principe divin. Voilà pourquoi cet enseignement doit faire partie des branches des cours dans toutes les facultés théologiques confondues.

Pour la science, avons-nous dit, le cosmos représente l'Univers pris dans sa globalité, c'est-à-dire de l'espace intersidéral au système organisé. En d'autres termes c'est l'espace physique.

Selon le Principe de la création, branche du Principe divin du Rév. Dr. Sun Myung Moon, le cosmos représente l'ensemble du monde spirituel et du monde physique, ou l'univers. L'homme étant composé de deux entités unies, à savoir l'esprit et le corps, constitue le centre du cosmos. Le corps étant composé des éléments physiques du cosmos etdel'esprit des éléments spirituels du cosmos, l'homme est ainsi le microcosme ou un cosmos en miniature.

La différence entre l'entité spirituelle et l'entité physique est que notre corps physique est limité par le temps, il ne peut transcender le moment présent. Notre corps physique est un être éphémère, il vieillit et retourne à la terre. Notre esprit n'est pas limité par le temps ; nulle barrière temporelle ne peut l'arrêter. Il peut librement réfléchir sur le passé et contempler le futur s'il le veut ; il est éternel. C'est cette faculté qui fait qu'à force de réfléchir, deux êtres qui ne se connaissent pas et dont aucun n'a lu l'œuvre de l'autre, arrivent à émettre une même idée nouvelle.

Dans notre épigraphie, quand l'astrophysicien et philosophe Français Aurélien Barrau a dit qu'avec le Big-bang on a recréé la Genèse en termes scientifiques, il ne savait pas qu'un jour le Big-bang serait proclamé comme étant biblique. Quand Nicolas Copernic a abouti à la déduction d'héliocentrisme, il ne savait pas qu'un arabe nommé Nasir El dinTusi (1201-1274) ; un savant persan, avait abouti à la même conclusion dans une œuvre non vulgarisée, et cela plusieurs siècles avant lui. (Cfr : Magazine Ciel&Espace n°413, 10/2014, Pp 10-14).

Quand l'abbé Georges Lemaître se débattait avec sa théorie de Big-bang, il ignorait que l'astrophysicien russe Friedman avait abouti à la même conclusion. Quand Gabriele Veneziano a trouvé que l'Univers a commencé dans le vide, il ignorait que plusieurs siècles avant, Moïse avait aussi abouti à la même déduction qui est consignée dans la Bible.

Un astrophysicien quelque part dans le monde se retrouve aussi à travers ce que je développe mais ce qui lui a manqué c'est la connaissance du Principe de la création pour publier ces idées avant moi. Il en était de même pour l'astrophysicien belge, l'abbé Georges Lemaître. En tant que religieux, il savait que si c'est Dieu qui a créé l'Univers, celui-ci ne pouvait commencer que par une boule, mais il lui manquait des arguments scientifiques pour publier cela.

Dès que l'astronome Américain Edwin Powel Hubble découvrit l'existence d'autres galaxies et que ces dernières s'éloignaient les unes des autres, ce fut pour l'astrophysicien belge, l'abbé Georges Lemaître, une aubaine pour publier sa théorie d'atome originel qui sera baptisée de la théorie du Big-bang par l'américain d'origine russe, George Gamow.

En faisant la synthèse entre les découvertes de Tusi au 13ème siècle et de Copernic au 16ème siècle, l'auteur de l'article s'est posé la question : *« est-ce que Copernic est le dernier astronome de l'école de Maragheh où il avait pris connaissance de l'héliocentrisme ? Ou doit-on admettre humblement que la plus audacieuse des théories peut germer indépendamment dans les méandres de l'esprit d'un seul homme ? »*. (Cfr : Magazine Ciel&Espace n°413, 10/2014, P.14). J'avais évoqué cette coïncidence des pensées entre deux chercheurs dans l'avant-propos du Tome I.

En publiant une idée scientifique, nous ne la clôturons pas, mais nous offrons plutôt un chainon manquant quelque part pour enrichir un modèle. Comme l'a dit l'astrophysicien Français Aurélien Barrau dans Big-bang et au-delà « La naissance de l'Univers n'a eu lieu qu'une fois ». Pour cela, à la fin, il ne doit rester qu'un seul modèle. Et le modèle des cordes, jugé jusque-là valable pour expliquer le début de l'Univers a, en fait, sans que les astrophysiciens le sachent auparavant, rejoint la Bible tel que restitué dans le Modèle Cosmologique Universel. Par conséquent, avons-nous dit, le Modèle Cosmologique Universel vient d'engloutir tous les modèles et reste le seul modèle qui explique le début l'Univers.

Un être humain ne nait que de deux façons, soit par césarienne, soit par la voie basse appelée voie naturelle. Alors, pourquoi plusieurs modèles pour un même univers. Tous les autres modèles deviennent, à ce jour, les manifestations pour expliquer la façon dont les choses se sont passées dans l'univers après sa formation à partir du vide quantique.

2.1.2. La mécanique quantique

Nous avons dit que c'est à travers la mécanique quantique qu'on étudie le comportement des particules ayant déjà en elles les propriétés issues des caractéristiques duelles de Dieu. Selon l'action d'origine-division-union, celle-ci recherche son opposé pour amorcer les actions des multiplications qui aboutissent à la formation des éléments.

Ce livre met à jour les énergies bibliques ayant abouti au Big-bang. Même la science, dans la mécanique quantique, reconnait qu'au début de l'histoire du cosmos tout n'était qu'énergie. Parler de la création des énergies après le Big-bang, comme les savants essayent de spéculer dans le Modèle standard, ne tient pas debout. Le problème, c'est plutôt la place de la mécanique quantique dans l'histoire de l'Univers.

Certains préfèrent la mettre dans la sphère de la Période inconnue de l'Univers comme nous pouvons le voir dans ce tableau :

Représentation scientifique de la période inconnue

http://webinet.cafe-/**scien**

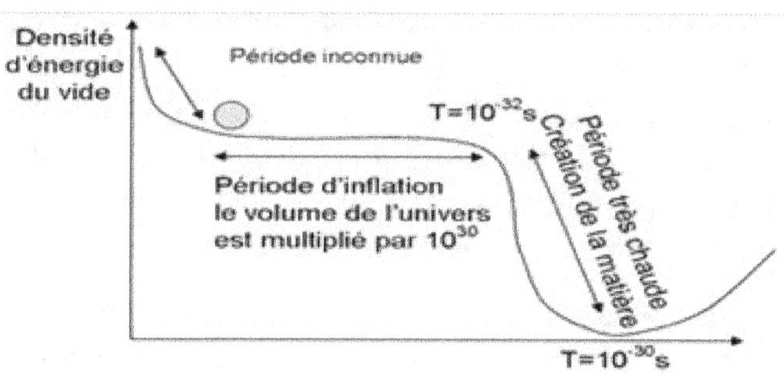

L'énergie du vide pourrait avoir évolué comme une bille roulant très doucement sur un plateau de haute altitude et en pente douce avant de chuter brusquement le long d'une corniche et de se stabiliser à sa valeur actuelle.

ces.org/articles/cosmologie-fastoche-33

En se basant sur ce tableau, plusieurs hypothèses ont été apportées dans le principe d'incertitude pour expliquer l'apparition de la matière après le Big-bang. C'est le cas de la phrase suivante :

« *Même lors de la naissance de l'univers, lorsque la matière n'existait pas encore, l'univers était agité d'une succession frénétique de créations et de disparitions de particules de tous les types. C'est d'ailleurs grâce à cela que la matière ordinaire pourra faire son apparition* ».
(Cfr : annuaire-digg des.coursgratuits.net/c7_bigbang/p715_partvirtuelles.php. ParOlivierEsslinger).

Pour le Modèle Cosmologique Universel, le principe d'incertitude - notamment la citation ci-dessus, devrait être approfondie et positionnée dans l'avant Big-bang, c'est-à-dire de l'Énergie première universelle jusqu'à l'apparition de la matière. Tout ce qui est survenu dans l'après-Big-bang n'était qu'une suite de déconfinement de ce qui a été confiné.

2.1.2.1. La notion du vide

Ge 1 : 2 « *La terre était informe et vide* ».
En parlant de la notion du vide, nous faisons référence au moment où l'univers (la terre) était encore informe et vide selon la Bible.
L'une des questions qui m'a toujours intrigué dans le premier verset de la Bible était celle de savoir comment du spirituel on était arrivé au vide, et du vide au matériel. Dans les Tomes précédents, j'avais évoqué plusieurs fois la vitesse et la collision des rayons. J'ignorais complètement que 10 ans plus tard je trouverais un article pareil sur le Web :

« *Lorsque les bonnes fréquences de lumière entrent en collision, elles peuvent se transformer en matière grâce à la célèbre équation $E = mc^2$ d'Albert Einstein* » explique Alberto Dominguez, astrophysicien à l'Université Complutense de Madrid ».
(Cfr : trustmyscience.com/telescope-fermi-retrace-histoire-rayonnement-stellaire-dans-univers/par Thomas Boisson,30 /11/ 2018).

En effet, le principe d'incertitude scientifique implique que même le vide le plus absolu est en fait peuplé d'une myriade de particules et d'antiparticules virtuelles. Le vide, au sens où on l'entend d'habitude, c'est-à-dire l'absence de toute matière, n'existe pas. Telle est la constatation des scientifiques.

(Cfr *: astronomes.com/le-big-bang/particule-virtuelle/* le *9 août 2017* par *Olivier Esslinger)*

Selon la science, le vide est un état qui préexiste à la matière et au mouvement qui en découle. D'après la relativité générale, la matière-énergie contenue dans l'Univers n'est pas sans effet induit car elle courbe l'espace-temps dans ce dernier. Moïse le qualifia d'abîme : « *il y avait des ténèbres à la surface de l'* ***abîme*** ». C'est pourquoi la physique quantique considère explicitement, sans se référer à l'avant Big-bang, l'espace et le temps comme entités préexistantes. En principe, elle ne fait que confirmer la Bible à travers sa restitution scientifique dans le Modèle Cosmologique Universel.

Ge 1 : 2-3 « *La terre était informe et* ***vide*** *: il y avait des ténèbres à la surface de* ***l'abîme****...* »

En plus, la Théorie quantique a montré que le vide n'était pas vraiment vide et qu'il contenait une fabuleuse quantité d'énergie. C'est pour cela qu'on parle du « vide quantique ». Ce vide est rempli de particules virtuelles qui se matérialisent brièvement lorsqu'on apporte de l'énergie, par exemple lors de collisions de particules à hautes vitesses.

Cet état « vide » est en effet bien différent d'une totale absence. D'où le terme vide quantique, utilisé par la science qui pourrait donc ne pas appartenir à notre Univers selon la définition que l'on donne à ce dernier. D'où cette déduction qui me rejoint :

« Le vide quantique, étant rempli de quelque chose, pourrait selon cette définition ne pas appartenir à notre Univers. Il pourrait par exemple constituer la matière première à partir de laquelle notre univers a été créé il y a 13.5 milliards d'années ».

(Cfr : zevengeur.wordpress.com/2014/02/11/**Le vide quantique : un nouveau continent à explorer**).

Cette déduction confirme ce que nous avons dit, à savoir, dans le Modèle Cosmologique Universel, la mécanique quantique, avec toutes les danses qu'elle nous propose, ne fait pas partie de l'Univers de l'après-Big-bang. Il n'y a pas une place où on peut insérer ces danses juste après le Big-bang caractérisé par l'inflation suivie d'une expansion exponentielle. Elle fait plutôt partie de l'Univers d'avant Big-bang quand, selon la Bible, « la terre était encore informe et vide » signifiant l'Univers d'avant Big-bang.

Quand j'étais arrivé à cette déduction, je ne savais pas aussi que j'avais rejoint la science ou que cette dernière m'a rejoint comme nous pouvons le lire :

« *La physique contemporaine n'a pas donné la réponse à toutes les questions qu'elle posait. En effet, si elle a permis d'étudier de nombreux phénomènes, les lois qu'elle a mises en évidence ne se rejoignent pas dans les domaines où elles sont censées agir conjointement ou concurremment. Essentiellement (mais pas seulement), la physique quantique ne rejoint pas la physique relativiste* ».
(*Cfr* : matierevolution.fr, Matière noire, énergie noire : le chaînon manquant ?13/11/2007, par FaberSperber, Robert Paris).

Un autre argument de taille, nous la tirons dans cette citation d'Albert Einstein à savoir :

« *Pour un milliard de particules d'antimatière, il y avait un milliard et une particule de matière. À l'issue de l'annihilation mutuelle, il est resté un milliardième : notre univers actuel.* »
(Cfr : J. Baker : *50 clés pour comprendre l'astronomie*, éd. Dunod, Paris, p.71).

Voilà ce qui confirme effectivement que la mécanique, qui pour nous fait partie de la physique de la création, est à insérer dans l'avant Big-bang

En effet, ce vide quantique dans la physique quantique correspond à une zone de l'Univers censée être vide de matière ou plutôt, où on ne discerne rien. Elle se trouve remplie de particules virtuelles et de particules d'antimatière. Quand des particules et des antiparticules entrent en collision, elles s'annihilent en dégageant de l'énergie jusqu'à ce qu'elles donnent naissance, dans le vide quantique, à des particules virtuelles. Toutes ces actions sont décrites par le verset biblique « *Un vent de Dieu se mouvait sur les eaux* ».

Le Modèle Cosmologique Universel se présente aujourd'hui comme le scaphandre qui permet aux savants de traverser l'arsenal du Big-bang et d'aller encore jusqu'à la période d'avant le Big-bang. Mais, étant donné qu'il n'y avait pas d'astre de repère, cette période n'est quantifiable ni par la Bible ni par la science. Moïse, le savant des savants, dut contenir dans un jour cette période qui va du moment où il n'y avait que le vide et le chaos jusqu'au moment où la chaleur des éléments ayant occasionné le Big-bang a atteint une grande intensité, projetant la lumière. Moïse le décrit comme suit :

Ge 1 : 2-5 *« La terre était informe et vide : il y avait des ténèbres à la surface de l'abîme, et l'esprit de Dieu se mouvait* ***au-dessus des eaux*** *et Dieu dit : Que la lumière soit ! Et la lumière fut ...ainsi, il y eut un soir, et il y eut un matin : ce fut le premier jour* ».

Pour ces versets, nous pouvons dire qu'il y avait une période sombre dans un Univers vide, rempli des ténèbres à sa surface, c'est-à-dire de l'énergie. Après avoir mentionné le titre, à savoir « *Au commencement Dieu créa les Cieux et la Terre* », où beaucoup de phénomènes qui nous sont encore inaccessibles durent se passer à travers le rayonnement par la Force Première Universelle issue de l'Énergie Première Universelle, Moïse a commencé à parler de la création au moment où les particules virtuelles ont commencé à se mouvoir avec les énergies ; et cela, par la phrase « *La terre était informe et vide : il y avait des ténèbres à la surface de l'abîme, et un vent de Dieu se mouvait au-dessus des eaux* » (Ge 1 : 2 – Bible de Jérusalem).

Étant donné la véracité de cette déclaration « d'une terre informe et vide », signifiant l'univers à son début, et qui est appuyée par certains scientifiques, le Modèle Cosmologique Universel devient désormais le modèle de base dans la cosmologie.

2.1.2.1.1. La notion du chaos

Chaos signifie, dans la théorie de la création du monde établie par les Grecs anciens, *gouffre sombre et silencieux ayant préexisté à toute forme de vie...Il est à noter que bien que certains schémas présentent Chaos comme une sorte de masse confuse, tous s'accordent pour voir en lui la première force ayant investi l'Univers* » (1).

(1) « Chaos. » Microsoft® Encarta® 2009 [DVD]. Microsoft Corporation, 2008.

À travers cette définition du mot chaos, nous retombons plutôt dans la notion de l'abîme biblique qui signifie aussi gouffre sombre et qui est défini selon le glossaire de Free Bible comme un *Monde mystérieux de l'océan primitif, lieu des ténèbres et des puissances mauvaises, de la détresse et de la perdition.*

On comprend que la notion du chaos fait référence à ce qui s'est passé dans l'abîme biblique et dont la manifestation correspond au « trou noir » ou à la déformation de l'espace-temps. C'est pour cela que plusieurs astrophysiciens qui raisonnent sur l'avant Big-bang parlent d'une étoile qui s'est effondrée en formant un trou noir dont notre Univers serait issu. Comme nous l'avons dit, c'est l'astrophysicien italien Gabriele Veneziano qui offert une explication scientifique adéquat comme nous pouvons le lire :

« Dans mon scénario, on part d'un Univers presque vide, très, très dilué avec des interactions très faibles entre les composants. Dans ce quasi-vide, il y a cependant des instabilités qui peuvent devenir catastrophiques et entraîner des effondrements gravitationnels comme un trou noir. Et l'Univers que nous connaissons sortirait de ce quasi-vide initial à travers ce trou noir ». (**Gabriele Veneziano**, interview par Guy **DUPLAT**).

(Cfr : http://www.lalibre.be/archive/qu-y-avait-il-avant-le-big-bang ;le 15/12/2005).

En effet, selon la relativité générale, l'énergie a de la masse ; donc elle gravite. Or, la gravitation est attractive.

(Cfr : https://www.futura-sciences.com/sciences/univers-energie-noire-4004)

Ainsi, en gravitant, elle creuse déjà l'espace et le temps. Et, dans un univers vide, cela ne peut correspondre qu'à un effondrement comme l'a dit Gabriele Veneziano.

2.1.2.1.2. Vide quantique et chaos

Le chaos et le vide constituent, selon tous les raisonnements religieux, philosophiques et métaphysiques, l'état d'où l'Univers d'avant Big-bang était issu. On les retrouve sous plusieurs synonymes tels que rien, néant, gouffre et abîme.

Ge 1 : 1-2 « *Au commencement, Dieu créa les cieux et la terre. La terre était informe et **vide**; il y avait des ténèbres à la surface de l'**abîme**, et l'Esprit de Dieu se mouvait au-dessus des eaux* ».

Sourate al-Baquarah, 117 « *Allah est le Créateur des cieux et de la terre à partir du **néant**...* ».

Tous les physiciens savent que les phénomènes physiques fondamentaux ont lieu dans le vide quantique. C'est ce que l'on appelle « les fluctuations du vide », où ont lieu l'apparition et la disparition de couples particule et antiparticule dites « virtuelles ». Donc, le vide est constitué de dipôles (particule et antiparticule). Une particule chargée est sans cesse en interaction électromagnétique avec les particules virtuelles qui l'entourent. Ce sont des cycles dans lesquels le couple de particule/antiparticule se transforme en énergie.

Dans ce verset; « la terre (Univers) était informe et vide », je me posai, avais-je dit, les questions : d'où est venue la matière? Comment l'invisible s'est transformé en visible? J'y ai déjà répondu à plusieurs reprises. Mais les conclusions basées sur les observations obtenues sur les expériences de Gérard Mourou édifient tout le monde. Dans ces expériences, Gérard Mourou avait abouti à la conclusion que le vide est très plein de particules et d'antiparticules (identiques aux particules mais avec des quantités caractéristiques opposées) et toute la matière vient du vide.

En effet, cette somme de matière et d'antimatière qui existent de façon fugitive dans le vide et se combinent sans cesse pour donner l'énergie, donnent cette impression globale que le vide est une absence de matière. Matière et vide sont faits des mêmes matériaux et la matière est le produit d'une structuration du vide.

D'où cette citation de **Victor Weisskopf** :« *Les particules n'accèdent à l'existence dans le monde ordinaire que grâce à un processus de création-annihilation dans ce plein qu'est le vide.* »

(Cfr : http://www.matierevolution.fr/spip.php?article38 **Les contradictions des quanta**, 02/06/2007, par FaberSperber, Robert Paris)

En conclusion, vide, matière, lumière relient l'avant Big-bang et l'après Big-bang. Pour Faber Sperber, c'est le vide qui donne naissance à l'univers matière/lumière tel que nous le connaissons, en y ajoutant que le fonctionnement de la matière/lumière ne peut se comprendre que par l'interaction permanente avec le « vide ». Ce sont ces interactions, dit-il, qui permettent de comprendre aussi bien les lois de la physique quantique que celles de la gravitation relativiste ainsi que ce qui les relie, la physique quantique des champs.

(Cfr :http://www.matierevolution.fr/spip.php?article43,Levide destructeur/constructeur de la matière, 01/07/2010, par Faber Sperber, Robert Paris).

2.1.2.1.3. L'énergie dans le vide

Dans le langage courant, le vide représente une sorte d'espace pur, dépourvu de toute matière. En physique quantique par contre, on a décelé que cet espace pur, appelé le vide, contient de l'énergie que les physiciens quantiques appellent « vide quantique ». Cette énergie est composée par des particules virtuelles. Ainsi, en parlant du vide quantique, nous nous référons à l'avant Big-bang tel que décrit dans la Bible, à savoir *« la terre (Univers) était informe et vide.* » (Ge 1 :2)

Ge 1 : 2 *« La terre était informe et vide ».*

En parlant de l'énergie du vide, nous faisons référence à l'énergie sur l'Univers primitif au moment où l'Univers (la terre) était encore informe et vide, selon la Bible, dans l'avant Big-bang et non à l'énergie du vide qui est assimilée à ce jour à l'énergie sombre ; créant l'expansion de l'Univers.

Moïse a commencé à parler sur la Genèse de l'univers à partir du moment où il dit que *« La terre était informe et vide ».*

Selon la théorie quantique des champs et gravitation, le vide devrait avoir une énorme énergie. Cette théorie est soutenue par des formules mathématiques de la relativité générale d'Albert Einstein.

En effet, si le vide quantique contient effectivement une quantité d'énergie phénoménale, rien n'empêche qu'une partie de cette dernière se soit transformée en matière, grâce à la relation d'équivalence d'Einstein (E=mc2). Ainsi, l'origine de l'Univers aurait alors une cause immanente, car le vide serait préexistant à l'apparition de l'Univers.

(Cfr : « *Discours sur l'origine de l'univers* », *Etienne-Klein–2010*).

Wang Fuzhi (1619-1692) écrivait :« *En réalité, le principe réside dans l'énergie et l'énergie n'est rien d'autre que principe ; l'énergie réside dans le vide et le* vide n'est *rien d'autre qu'énergie.* »

(Cfr : JP LUMINET in Futurascience, l'infini de la matière : le vide, publié le 25/01/2018).

Comme au départ la terre (l'univers) était informe et vide, la matière telle que nous la voyons aujourd'hui fut formée à partir de l'énergie contenue dans ce vide et dont les propriétés nous viennent des caractéristiques duales de Dieu qui a la propriété de ramener tout à l'unité.

Tout ceci est bien explicité par cette citation scientifique :

*« L'énergie du vide n'est pas nulle, elle est constante en tout point de l'espace-temps, ce qui permet de respecter la loi de conservation de l'énergie sur l'ensemble de l'univers. L'énergie du vide est constante, mais fluctue au niveau de cette valeur et c'est cette instabilité du vide qui permet la création de matières à l'infiniment peti*t ». (Cfr : Claude Sarrailh, Le secret de la vie, éd. Librinova, Paris, 2018, P.42).

Selon le principe d'incertitude, la collision entre les particules virtuelles crée des particules lorsqu'on apporte de l'énergie. La collision de ces paires de particules et d'antiparticules ne peut trouver son existence qu'à partir de ce qui est développé ici.

Jusqu'à l'apparition de ce livre, La LHC n'a pas encore atteint la vitesse phénoménale à laquelle l'Univers tourne comme nous pouvons le lire :

« *On ne peut reproduire en laboratoire ni l'accélération des chocs par collision libre ni tout autre processus d'accélération de particules. Nous ne savons pas reproduire les grandes distances et les faibles densités de l'espace, et les phénomènes ne peuvent être correctement miniaturisés aux dimensions du laboratoire. (Cfr :* **Dr.**

David P. Stern Mail au Dr.Stern : **education** ["at" symbol] **phy6.org).**

Les particules même soumises à ce jour à la vitesse de la lumière pour leurs collisions n'arriveront pas à engendrer la matière originelle qualifiée d'eau par Moïse dans la Bible.

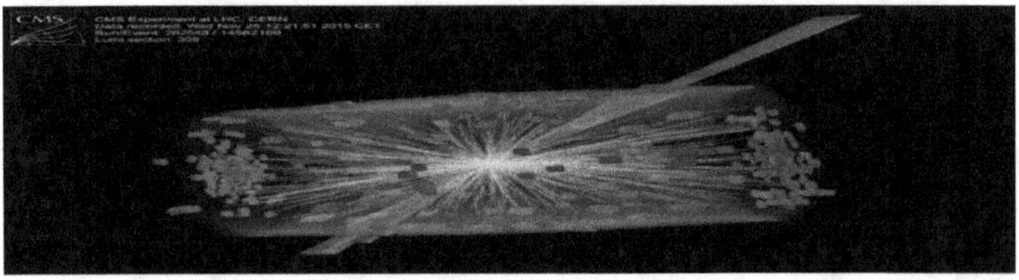

Collisions d'ions plomb dans le détecteur de CMS (Image :CMS/CERN); pour déterminer l'état de la matière de l'Univers à son origine.

2.1.2.2. Le rayonnement

Du spirituel au physique et du virtuel au réel, les choses ont dû se passer justement au niveau des rayonnements. Voilà ce qui nous motive de pouvoir en parler.

« Sans quanta, il n'y aurait ni lumière ni matière et, s'il est permis de paraphraser un texte évangélique, on peut dire que rien de ce qui a été fait n'a été fait sans eux. » **(Cfr :** Broglie (Louis, duc de), *la Physique nouvelle et les Quanta*, Paris, Flammarion, 1974).

Comme je l'ai dit, le passage du rayonnement divin à un Univers vide, qualifié d'une terre informe et vide par la Bible, relève jusque-là du spirituel parce que nos appareils ne nous permettent pas de réaliser de telles expériences. Mais arrivé au niveau où il fut qualifié d'une terre informe et vide ou d'un Univers vide à son commencement, on entre dans la physique. Et la physique n'accepte que ce qui est rationnel. D'où, pour Louis de Broglie, tout est parti des quanta, c'est l'image d'une terre informe et vide par rapport aux cieux (Dieu créa les cieux et l'univers).

D'ailleurs, dans la Bible, dans le livre de Romains 1 :20; il est écrit que c'est en étudiant la création que nous pouvons comprendre ce qui est invisible en Dieu. Dans le Principe de la création, on s'est beaucoup plus basé sur les exemples de la création macroscopique car compréhensible à tout le monde. Mais la physique quantique non compréhensible par tout le monde, selon Richard Feynman, rentre de plus en plus à l'origine et nous fait ressortir les caractéristiques divines cachées, mais comprises par ceux qui ont la maitrise de la physique de la création (Principe de la création plus mécanique quantique).

Ainsi, toutes les notions de la physique quantique sont associées au rayonnement. On ne peut étudier le quantum sans se référer au rayonnement. Ces deux notions convergent pour les uns et divergent pour les autres dans ce qu'on appelle onde et corpuscule. Seul un retour à la source permet de le clarifier.

Pour revenir à notre conclusion, car il y a une littérature très abondante sur ces notions, les physiciens dans leurs expériences, ont constaté que la lumière ayant une énergie suffisante peut produire de la matière et que les chocs de matière produisent de la lumière (un vent de Dieu se mouvant sur les eaux, la lumière fut !).

D'autres expériences, appelées des échanges de mouvements, ont été réalisées par les astrophysiciens entre matière et rayonnement ou rayonnement et rayonnement, entre matière/vide, rayonnement/vide ou du vide avec lui-même. Ils se sont aperçus que le vide peut se matérialiser, que la matière peut produire du rayonnement. Sans entrer en détail, ça résume vraiment tout ce qui s'est passé au premier jour biblique tel que restituer dans le Modèle Cosmologique Universel.

2.1.2.2.1. Rayonnement issu des particules et antiparticules

Selon les constatations des physiciens, le rayonnement peut, s'il est suffisamment concentré en énergie, produire des particules de matière. Ils ont découvert une autre sorte de matière, partiellement opposée à la matière ordinaire, appelée l'antimatière. Elle diffère des matières en ce que les charges sont opposées mais la masse est la même. Mais ce qui change est leur rencontre (toutes deux massives et à vitesse lente), elles produisent du rayonnement.

Auparavant, on croyait que matières et antimatières

s'annihilaient complètement, mais finalement on a constaté qu'électron et positon donnent le photon. Quark et antiquark donnent le méson Pi ou Pion. Et le photon de lumière se décompose inversement en matière et antimatière. La matière est donc partout, y compris dans la lumière. C'est ce qui explique que la matière absorbe la lumière. L'explosion thermonucléaire des étoiles montre comment la matière peut se transformer en lumière.

(Cfr :http://www.matierevolution.fr/spip.php ?article38Les contradictions des quanta, 02/06/2007, par Faber Sperber, Robert Paris).

Ce paragraphe confirme notre théorie selon laquelle, partie des rayonnements divins, celle-ci a pu, finalement, avec une vitesse de déflation décroissante, se transformer en énergie physique. C'est la conséquence des observations où les physiciens ont constaté que le rayonnement peut, s'il est suffisamment concentré en énergie, produire des particules de matière.

Dans Le schéma de la création biblique, restitué dans le Modèle Cosmologique Universel, on nous parle du vide (une terre informe et vide) formé sur base de rayonnement en provenance de l'Energie Première Universelle, et de la matière représentée par les eaux qui, en finalité, ont abouti encore par un rayonnement (Dieu dit que la lumière soit et la lumière fut !). Et cela a donné comme déduction que matière, lumière (rayonnement) et vide sont bâtis sur des bases communes. Cela confirme le schéma de la création biblique restitué dans le Modèle Cosmologique Universel. Par conséquent, on ne peut aboutir, comme nous avons dit, à la Théorie du Tout qu'en prenant en considération ce dernier Modèle.

2.1.2.3. Matière et antimatière

Tout comme la matière est constituée des particules, l'antimatière est constituée par des antiparticules. En effet, il a été constaté par les scientifiques, comme nous l'avons dit, qu'à toute particule élémentaire est associée une antiparticule porteuse de charges opposées, mais possédant les mêmes masses. Elles ont des propriétés similaires dont un même spin et une même durée.

Les savants ont découvert que quand la matière et l'antimatière entre en contact, il se produit une explosion générant une déflagration et une annihilation. Et en fin de compte, il y a formation de la poussière qu'on ne peut voir à l'œil nu. Les savants parlent plutôt que cela peut être suivi de l'émission d'un rayonnement de particules nouvelles et différentes. Enfin de compte, l'Univers devait être nul, c'est-à-dire n'avoir aucun élément comme nous pouvons le lire dans la citation suivante :

« Dans l'Univers primordiale, des particules et antiparticules apparaissent sans cesse par paires, pour aussitôt s'annihiler et redevenir énergie. »

(Cfr : Blandine Plucher, la physique quantique pour les nuls, éd. First, Paris 2018, p.112).

La question : « comment la matière l'a emporté sur l'antimatière » est toujours restée une énigme malgré les explications proposées par la science. Mais avec cette approche qui va de pair avec les déductions du chimiste français Antoine de Lavoisier qui formula la loi de la conservation de la matière ou de la masse : « rien ne se perd, rien ne se crée, tout se transforme », les scientifiques peuvent s'approcher des résultats.

2.1.2.3.1. Matière en tant qu'énergie concentrée

Pour des observations de ce qui est dit ici, non seulement les physiciens observent la matérialisation de l'énergie de la lumière dans le vide, mais on commence à la réaliser expérimentalement comme le démontre le physicien Gérard Mourou, du CNRS de Palaiseau. Il a conçu tout récemment un faisceau laser (lumière cohérente) à haute énergie.

Cette expérience de Gérard Mourou a montré que la lumière se transforme en matière et il aboutit à la conclusion que toute la matière vient du vide, que « le vide est mère de toute matière. (...) Il contient une quantité gigantesque de particules par centimètre cube ... et tout autant d'antiparticules. » Son expérience fut commenté dans la presse du journal Le Monde du 19 octobre 2005.

(Cfr :http://www.matierevolution.fr/spip.php?article38, Les contradictions des quanta, 02/06/2007, par Faber Sperber, Robert Paris)

Tout ceci montre que matière, lumière et vide s'interpénètrent et que la matière est un produit du ... vide. D'où la question de savoir comment, d'une terre informe et vide, soit l'Univers à son commencement, on est abouti à ce jour à un Univers rempli des matières ? Même si la religion nous dit que c'est Dieu le créateur, cela fut dans l'ombre. Dans la réalité, ce fut ces caractéristiques duelles, contenues aux énergies virtuelles, qui emmenèrent ces dernières à se transformer en matières.

Aujourd'hui la science, à travers la mécanique quantique, est en train de nous démontrer que la matière est partie du vide, confirmant par-là que l'Univers a eu un commencement et que dans ce commencement il n'y avait rien (la terre était informe et vide) comme le dit Moïse dans la Bible. Notons que ces énergies virtuelles étaient déjà contenues dans le vide ou dans la terre informe et vide (Ge 1 :2).

2.1.2.4. La mathématique céleste

2.1.2.4.1. La philosophie de la mathématique céleste

Nous avons parlé de la mathématique céleste dans le Tome II. Ici, nous voulons seulement revenir sur ces grandes notions, surtout que beaucoup vont lire ce livre avant les précédents.

La mathématique céleste, avons-nous dit, provient de l'aboutissement de notre compréhension sur les Principes de la création, branche du livre du Principe Divin du Rév. Dr. Sun Myung Moon. Elle fait partie de la physique de la création, branche de la physique créée par moi et qui englobe toutes les branches et toutes les idées et théories sur le vide, ainsi que les processus physiques se déroulant au moment où la terre était encore informe et vide selon la Bible, soit le début de l'univers selon les termes scientifiques.

Ces équations, avons-nous dit, se résolvent différemment des équations mathématiques car, ici, il s'agit des entités et c'est ce qui est invisible en elles qui est mis en commun.

Par exemple :

– Dans les équations mathématiques normales : 1-1 = 0 ou nul

– Dans la mathématique céleste, +1-1 est inadéquat, parce que les entités ne contiennent pas le même nombre d'éléments positifs et négatifs en leur sein. Par contre, leur soustraction crée un dysfonctionnement et non un anéantissement.

Notre exemple se réfère à un foyer chrétien de la manière suivante, selon les versets suivants :

Gn2 :24 « C'est pourquoi, l'homme quittera son père et sa mère, et s'attachera à sa femme, et ils deviendront une seule chair ».

– Ainsi, dans une union conjugale chrétienne, 1 + 1 doit aboutir à 1.

Étant donné que c'est une équation qui demande une part de responsabilité de la part des conjoints, ça se lit : delta 1 + delta 1 = 1

Dans cette équation, on vise ce qui est invisible à l'œil nu, comme les caractères. Les époux doivent s'efforcer d'unir leurs caractères afin que cela ne devienne pas la cause de séparation. Au contraire ils doivent tout le temps s'harmoniser pour garder 1 comme réponse. D'où la formule a + b = ab au lieu de a+b ; ce qui signifie 1+1=1.

– Dans le christianisme, on parle de Dieu le Père, Dieu le Fils et Dieu le Saint-Esprit comme étant un Tout. Ainsi, leur addition donne1 + 1 + 1 = 1.

La réponse 1 représente ce qui est intérieur en eux, à savoir Christ, d'où les versets « quiconque m'a vu, a vu le Père » (Jn 14 :9), « Moi et le Père, nous sommes un » (Jn 9 :10), « Je vous enverrai l'Esprit saint, il vous parlera de ce qui est à moi et vous dira des choses à venir » (Jn 14 :26).

Quand bien même leur addition donne 1, chacun est une individualité propre. D'où les versets bibliques :« *Jésus est assis à la droite du Père* » (Acte 7 :56), « Mais *le consolateur, l'Esprit Saint, que le Père enverra en mon nom, vous enseignera toutes choses, et vous rappellera tout ce que je vous ai dit* » (Jn14 : 26). C'est pour dire que les gens ne doivent pas s'attendre à un consolateur à la physionomie de Jésus ou au Saint-Esprit qui inspire les pasteurs.

2.1.2.4.2. La forme extérieure de Dieu

Dans l'étude des caractéristiques duales de Dieu contenues dans le Principe de la création, branche du Principe divin du Rév. Dr. Sun Myung Moon, nous avons dit que toutes les caractéristiques masculinité-féminité, positivité-négativité, invisibilité (caractère intérieure) et masse (forme extérieure) sont unies et sont en harmonie en Dieu. Etant projetées dans la création, elles tendent, selon le Principe de la création, à revenir à l'unité, tout en créant la multiplication et le développement. D'où le verset suivant : *« C'est pourquoi, l'homme quittera son père et sa mère, et s'attachera à sa femme, et ils deviendront une seule chair ».* (Ge 2 :24).

Dans l'homme, on retrouve d'une manière active les aspects de la positivité tandis que dans la femme, ce sont les aspects de la négativité qui sont dominants. Mais ces aspects sont en harmoniés en Dieu. Cela nous donne l'équation céleste suivante :

Divinité = In [(Ci .M) + (Po.Ne) + (Ms. Fe)]

In : Invisible

Ci : Caractéristique intérieure

M : masse

Po : positivité

Ne : négativité

Ms : Masculinité

Fe : féminité

Donc, toutes les formes extérieures et leurs attributs se trouvent contenus dans Dieu, mais d'une manière harmonieuse. L'harmonie ne peut être créée que par un tour parfait. Or, un tour parfait est un tour dont la vitesse entre deux points est atteinte d'une manière presque simultanée. Cette vitesse, c'est le **In**. Cela est assorti de la phrase biblique « Dieu est partout et au même instant » (Mt 6 :18).

Or, pour être partout et au même instant dans le monde physique, avons-nous dit, il faut tourner à la vitesse de la dimension de l'Univers par milliseconde. Telle est la valeur variante de **In**, étant donné qu'on ne connaît pas les limites de la dimension de l'Univers.

Quelle est l'équivalence entre la vitesse de **In** et celle qui est assortie dans l'équation d'Albert Einstein de **E=mc^2** ?

Dans le Modèle Cosmologique Universel, nous avons adopté cette formule comme étant la force transformatrice qui commence dans **In**, en passant par les énergies virtuelles dans un Univers vide (la terre était informe et vide) jusqu'à l'aboutissement de la masse. C'est cette dernière partie qui concerne le **E=mc**^{2}qui est considéré comme la limite absolue en science.

Nous savons que la vitesse de la lumière dans le vide est d'environ 300 000 km/s, soit 7 fois le tour de la terre en une seule seconde. C'est ainsi que l'apparition de la lumière nous semble toujours spontanée. D'après la relativité restreinte, avons-nous dit, cette vitesse est une limite ne pouvant être dépassée par aucun objet possédant une masse.

Donc, si on plantait un piquet sans masse au centre de la terre, en équateur, muni d'une aiguille de6 380 km (qui est la moitié du diamètre équatoriale de la terre) et qu'on l'actionnait à la vitesse de la lumière, au bout d'une seconde elle passerait 7 fois sur chaque nation. Or, dans la formule « **Divinité=In [(Ci .M) + (Po.Ne) + (Ms.Fe)]** », c'est la valeur variante de **In** qui correspond à la vitesse simultanée pour atteindre le point le plus éloigné de l'Univers à partir de la terre.

La galaxie la plus éloignée de la terre, découverte la plus récente au moment où je rédigeais mes livres, se nomme **GN-z11**. D'après le calcul fait par les astrophysiciens lors de sa découverte en mars 2016, sa lumière a voyagé 13,4 milliards d'années avant d'arriver jusqu'à nous. Sa distance réelle est estimée à32 milliards d'années-lumière (**al**) de la Terre. (Cfr : Wikipédia : GN-z11).

Or, **1 al =9 461** milliards de kilomètres. Ainsi, cette galaxie se trouve éloignée de la terre de 32 milliards X 9 461 milliards de kilomètres, ce qui donne **302 752 x 10**^{18} **km**.

Donc, pour le moment, c'est-à-dire pendant que nous écrivons ce livre, la valeur variante de « **In** » qui représente aussi la vitesse à laquelle Dieu tourne en tant qu'entité pour contrôler tout l'Univers **observable, est de 302 752 x 10**^{18}**km/s**. Cette vitesse fait que Dieu est permanent et omniprésent dans tous les endroits de l'Univers.

C'est ainsi que Dieu est plus que présent en nous et rien ne lui échappe comme l'a confirmé Jésus-Christ par ces versets :

Mt 10 :29-30 « *Ne vend-on pas deux passereaux pour un sou ? Cependant, il n'en tombe pas un à Terre sans la volonté de votre Père. Et même vos cheveux sont tous comptés* ».

Entre **300 000 km/s** de la vitesse absolue de la lumière pour aboutir au résultat de **e=mc2** et **302 752 x10^{18}km/s** pour aboutir à Dv = **In [(Ci .M) + (Po.Ne) + (Ms.Fe)]**, on peut voir le chemin parcouru pour passer du spirituel à un Univers vide. Au départ, moi-même, je ne savais pas qu'il y avait un grand gouffre en allant du spirituel au vide quantique.

En plus, la valeur variante de **In** est évolutive au fur et à mesure que la vision de l'homme avance pour découvrir les frontières de l'Univers.

Nous avons dit que tout dans l'Univers a été engendré par un mouvement de **302 752 x 10^{18} km/s** selon le verset « Un vent de Dieu se mouvait au-dessus des eaux » (Ge 1 :2). Scientifiquement parlant, ce mouvement fut plus tard caractérisé par la collision des particules ; l'anéantissement et la fusion dégagèrent de plus en plus d'énergie, en créant des particules et des antiparticules. Les cycles de collision continuent avec la création des matières et antimatières. Et au final, la matière a fini par l'emporter selon l'idéal de Dieu.

Actuellement la science cherche encore à comprendre comment les particules l'ont emporté sur les antiparticules et comment la matière l'a emporté sur l'antimatière. L'idéal de Dieu ou la volonté de Dieu n'excluent pas les explications scientifiques, et c'est à l'homme de les découvrir. Quant à nous, nous avons déjà apporté notre version littérale dans le point concernant les caractéristiques duales de Dieu, au Tome I.

La collision étant toujours perpétuelle, provoquée par les propriétés inhérentes de la matière selon les caractéristiques duales de Dieu assorties dans la formule :

Divinité = **In [(Ci .M) + (Po.Ne) + (Ms.Fe)]**, a abouti à la formation énergétique qui a creusé la première déformation du tissu de l'espace-temps qualifiée d'abîme dans le schéma de la création biblique en Gé 1 :2 (*il y avait les ténèbres dans la surface de l'abîme).*

Selon la relativité générale, l'espace est représenté non comme un gaz ou un vide mais plutôt comme un tissu en caoutchouc tendu. Ainsi, les objets dotés de masse sont comme des boules posées sur ce caoutchouc tout en le déformant.

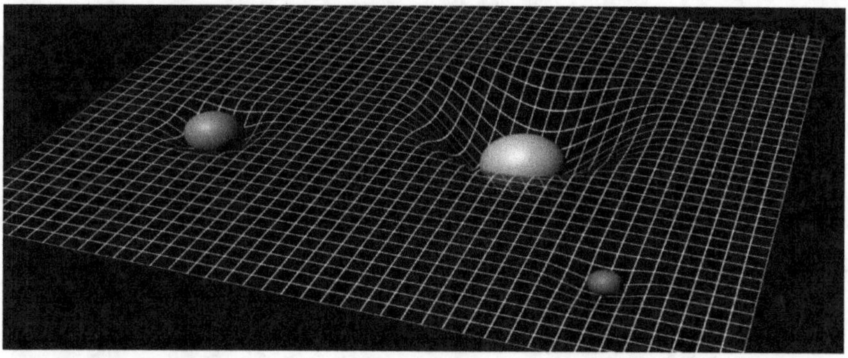

https://trustmyscience.com/reflexion-n1-lespace-temps-courbe-masse-lenergie/

2.1.2.4.3. La force intérieure de Dieu

La force intérieure de Dieu constitue la source de son éternité :
Dieu = Énergie Première Universelle

Vu sous cet angle, nous pouvons déduire, dans le Modèle Cosmologique Universel, que les particules et leur masse s'acheminent déjà de l'énergie invisible aux particules au cours de leur évolution. Cela est appuyé par cette phrase du Principe de la création :

« *Selon la science moderne, toutes les particules constituant les atomes sont faites d'énergie. Pour que l'énergie forme des particules, elle doit posséder elle aussi une nature intérieure qui la conduit à prendre des formes spécifiques* ». (Cfr : Présentation du principe divin : éd. Culture et Paix, Paris, 2013, Pp 21-26).

Par la forme, nous entendons la masse. Selon la science actuelle, les particules acquièrent cette masse et des valeurs ou formes spécifiques en traversant le champ de Higgs. Plus elles sont lentes, plus elles acquièrent de la masse ; ce qui est qualifié dans la citation ci-dessus « des formes spécifiques ».

Pour le Modèle Cosmologique Universel, toute particule identifiable a déjà une masse mais elle peut la perdre au cours de son évolution. Dans le LHC, on constate qu'il y a des particules qui n'ont qu'une moindre durée d'existence. C'est ce que j'entends par évolution des particules.

Toutefois, nous ne nions pas l'existence des particules que les savants ont qualifiées de bosons de Higgs qui servent parfois de liens appelés interaction.

En effet, selon la théorie quantique des champs (TQC), la matière est constituée de particules appelées fermions, tandis que les forces sont transmises par l'interaction ou l'échange d'autres particules appelées bosons.

Notre assertion, à savoir que la masse est intrinsèque aux particules, résout en fait cette énigme.

Ceci peut être confirmé par un récent article scientifique qui s'articule ainsi :

« *Les quarks composant les hadrons sont appelés des « quarks de valence ». La quasi-totalité de la masse des hadrons ne provient pas des quarks de valence qui les constituent. En effet, les physiciens s'en sont rendu compte pour la première fois avec le proton, lorsqu'ils ont calculé que la somme des masses des quarks de valence – acquises par leur couplage avec le champ de Higgs – était très inférieure à la masse mesurée du proton. La majorité de la masse provient en réalité des gluons virtuels, du fait de l'équivalence masse-énergie* ». (Cfr : trustmyscience.com/hadron/ par Thomas Boisson, le 3 août 2018).

La formule d'Albert Einstein d'$\mathbf{E=mc^2}$(énergie = **mc** au carré) nous permet d'avoir les valeurs énergétiques. Cette formule explique déjà le comportement des éléments dans un Univers informe et vide. Mais pour qu'on en arrive là, on a comme formule de base originelle :

Divinité = **In [(Ci .M) + (Po.Ne) + (Ms.Fe)]**,

Cette formule explique l'addition des caractéristiques duelles de Dieu. En inversant chaque caractéristique duelle, on aboutit à la réponse qui fait que chaque couple s'est d'abord caractérisé entant qu'énergie sur la base de la Force Première Universelle originelle qui est égale à la vitesse de rayonnement, ce dernier étant égal à la vitesse de la pensée.

La moindre diminution de cette vitesse permet la transformation de l'invisible à l'énergie visible (énergie virtuelle), ou ce que les religions ésotériques qualifient de charge ou de la densité.

Donc, dans l'assertion : **Dieu = Énergie Première**

Universelle (EPU), cette force fut transmise au sein des entités par la phrase « Dieu souffla » dont l'homme se sert au sens figuré. Ainsi, au sein des entités, il se manifeste de la manière suivante :

Di = EPU

EPU = In(FPU)

In : Invisibilité

FPU : Force Première Universelle

Dans chaque entité ou être, on retrouve l'énergie de Dieu appelée l'Énergie Première Universelle. La Projection de ces entités les amène à s'unir selon l'origine et engendre ainsi entre elles une action de donner et recevoir. Celle-ci génère la Force Première Universelle. La Force Première Universelle, générée par l'action interne de donner et recevoir, permet à l'entité d'exister et d'être active tout en créant la diversification.

Tout ceci n'est qu'une partie des formules fondamentales, il appartient aux mathématiciens et aux physiciens de les développer et de les enrichir après avoir compris le Principe de la création, branche du chapitre du livre du Principe Divin du Rév. Dr. Sun Myung Moon.

2.1.2.5 Le monde quantique

Ce point est développé au tome II. Mais, dans ce Tome, nous voulons apporter quelques éclaircissements.

Le monde quantique ou l'Univers quantique, avons-nous dit, c'est l'Univers de l'infiniment petit, non accessible aux communs des mortels, mais qui confirme aux savants les attributs de Dieu, et cela, à travers l'étude comportementale des particules. Les théories dites « quantiques » décrivent le comportement des atomes et des particules.

Les scientifiques ont pu observer que le monde quantique (limité à *l'infiniment petit*, mais pouvant avoir des répercussions à une plus grande échelle) se comporte très différemment de l'environnement macroscopique auquel nous sommes habitués. C'est un monde milli-microscopique. Il fait l'objet de la mécanique quantique, branche de la physique quantique. Pour le Modèle Cosmologique Universel, avons-nous dit, il fait partie avec les points tirés du Principe de la création, de la physique de la création.

2.1.2.5.1. Les caractéristiques duales de Dieu et la mécanique quantique

La mécanique quantique est la branche de la physique qui a pour objet d'étudier et de décrire les phénomènes fondamentaux à l'œuvre dans les systèmes physiques, plus particulièrement à l'échelle atomique et subatomique appelée communément échelle microscopique. Donc, elle est la théorie fondamentale des particules de matière constituant les objets de l'Univers et des champs de force animant ces objets. (Cfr : futura-sciences.com/sciences/definitions/physique-physique-quantique-13197).

Pour les savants, la mécanique quantique regorge de mystères, de surprises et de paradoxes qui les obligent à revoir la manière dont nous concevons la matière, et même la physique en général. Cela est dû au fait que la source de tout, « Dieu », a été négligé par la science.

En effet, plusieurs phénomènes découverts par la mécanique quantique n'appartiennent pas l'univers d'après Big-bang ; et là c'est moi qui le dis. La mécanique quantique constitue en fait la porte d'entrée de la transformation du spirituel en physique, c'est-à-dire dès que le mot terre fut prononcé pour la première fois dans la Bible à travers le verset « Au commencement, Dieu créa les cieux et la terre » (Ge 1 :1), une terre qui était encore informe et vide, c'est-à-dire l'Univers (Ge 1 : 2) a vu le jour. C'est à ce moment-là que les aspects de Dieu, rendus matériels dans l'Univers, ont commencé à revenir à l'unité selon l'aspect du Créateur, en créant ainsi la déflation cosmique qui a caractérisé l'Univers d'avant Big-bang.

C'est ainsi que les phénomènes étudiés dans la mécanique quantique, rendus possibles par un Univers en déflation et en condensation, ne collent pas avec celui étudié dans la relativité générale caractérisée par un Univers en inflation et en expansion. Le prix Nobel Richard Feynman a eu l'honnêteté de déclarer que « *Tous ceux qui prétendent comprendre quelque chose à la théorie quantique – y compris les physiciens – sont des menteurs* ».

Le commentaire scientifique de cette citation est la suivante :

« Cela signifie en clair que les mécanismes internes qui régissent le comportement des particules restent parfaitement inconnus. Même si l'approche statistique de la physique quantique permet des prévisions d'une précision extrême, elle ne reste qu'une manière extérieure et astucieuse de décrire les choses ». (Cfr : zevengeur.wordpress.com/ la-chromo-dynamique-quantique).

Nous avons affirmé que ces mécanismes internes sont décrits dans le Principe de la création du Rév. Dr. Sun Myung Moon, mais non encore intégré en science parce que logé dans un livre religieux compte tenu de son statut.

Les livres de la collection « Les Versets des Savants » sont les premiers à faire le pont entre les enseignements religieux et scientifiques et permettront désormais aux uns d'entrer et aux autres de sortir de l'ignorance.

Le Rév. Dr. Sun Myung Moon étant le premier à avoir fait ressortir ces caractéristiques physiques dans le Principe de la création, branche du livre du Principe divin, a rendu possible la compréhension des mystères de l'Univers, du moins pour les savants qui vont en maîtriser les explications.

À travers l'enseignement du Rév. Dr. Sun Myung Moon, on comprend que plus les hommes avancent dans la compréhension de la vérité, plus cela permet encore à Dieu d'ouvrir les vases. À plusieurs reprises le Rév. Dr. Sun Myung Moon a réuni les savants en leur distribuant le livre du Principe divin qui contient le Principe de la création. Mais ces derniers n'avaient jamais compris sa vraie intention.

À partir de la publication des livres de la collection « Les Versets des Savants », tous les livres dits sacrés, contenant la sagesse divine, seront maintenant lus d'une manière attentionnée, même par les savants athées, comme document de recherche, la foi n'intervenant que plus tard après la découverte de leur richesse.

Pour revenir à notre sujet, Dieu étant invisible, en physique, ses caractéristiques mathématiques ont été assorties par les penseurs de la mécanique quantique sans le savoir. Celles-ci se résument en plusieurs points qualifiés par D. Louapre des 7 merveilles de la mécanique quantique. (Cf : *sciencetonante.wordpress.com/2013/09/30/les-7-merveilles-de-la-*

mécanique-quantique).

Tout ce qui est étudié dans la mécanique quantique trouve sa cause dans le prolongement de l'omniprésence de Dieu ; assortie par la formule :

Divinité = In [(Ci .M) + (Po.Ne) + (Ms.Fe)]

In = 302 752 x 10^{18}km/s : vitesse initiale à laquelle tout s'est déployé de Dieu.

La décomposition des éléments mis en évidence, pris d'une manière isolée, fait effectivement l'objet des découvertes en physique. Et leur comportement pour faire asseoir des théories constitue l'étude de la mécanique quantique. Avec tout ce qui est écrit ci-dessous, ce n'est pas que j'adapte la religion à la physique, mais c'est plutôt la découverte par la science physique de ce qui est dit en religion.

Au Tome II, nous avons sélectionné et expliqué quelques grands points de la mécanique quantique qui témoignent de l'omniprésence de Dieu. Nous n'allons pas répéter les explications dans ce tome pour ne pas vider les contenus du Tome II, mais nous allons seulement devoir en parler d'une manière très succincte :

2.1.2.5.1.1. Le principe de superposition

Quand on regarde les choses au quotidien, y compris les êtres vivants, chacun occupe une position précise même s'il est en mouvement. À un instant donné, on se retrouve dans un état bien défini. C'est de la mécanique dite « classique », c'est-à-dire celle des objets normaux.

Il n'en est pas de même avec les objets microscopiques qui subissent les caractéristiques duales de Dieu. Contrairement aux autres objets normaux, une particule microscopique peut être dans un mélange de plusieurs états. Par exemple, selon les observations, quand un électron tourne autour d'un proton, il est sur tous les points de son orbite à la fois.

Pour désigner le fait qu'en mécanique quantique les objets peuvent être dans plusieurs états à la fois, on parle du principe de superposition. Cela reflète l'un des attributs divins appelé « l'omniprésence », c'est-à-dire Dieu est doué de l'aptitude à se trouver partout en même temps. Il peut être actif pour l'un appelé état vivant et passif pour l'autre appelé état mort. Dieu étant invisible, c'est plutôt la personne séparée de lui qui se retrouve dans un état mort tout en étant vivante. D'où le verset biblique « *laisse les morts enterrer leurs morts* » (Mt 8 :22). Cette caractéristique est reconnue dans la mécanique quantique à travers l'exemple du fameux **chat de Schrödinger**, ce chat « fictif » qui serait à la fois mort et vivant.

Ainsi la présence active de Dieu dans les individus faisant des uns des personnes vivantes et des autres des personnes mortes ; principe qui peut être annoté dans l'astrothéologie par le symbolisme de :

|Individu> = | Mort > + | Vivant >

En effet, pour décrire les deux états simultanément, c'est-à-dire qu'une personne peut se retrouver à la fois morte pour Dieu et vivante pour Satan, les physiciens ont inventé deux sortes de crochets comme celui-ci « | > » et, pour superposer des états, ils les additionnent.

2.1.2.5.1.2. L'indéterminisme de la mesure

Jusque-là, nous avons parlé de la vitesse d'environ **302 752 x 10^{18}km/s** de l'énergie de Dieu, pour qu'Il soit permanent sur tout l'Univers. Toutefois, ce résultat de la mesure est probabiliste d'autant plus que nous nous sommes référés à l'astre le plus éloigné découvert jusque-là. Si un jour la science découvrait encore plus, cela serait de nature à changer la donne mais ne modifierait en rien nos formules. En plus, Dieu est spirituel et on ne peut lui donner des valeurs physiques avec précision ; c'est l'indéterminisme de la mesure.

En revenant sur notre exemple de l'électron qui peut être présent partout autour du proton, les physiciens ont découvert que chaque fois qu'ils calculaient sa vitesse, cela changeait ou parfois se répétait. Cela est noté par le signe :

Électron> = |1000 km/h > + |2000 km/h >

Ce qui veut dire qu'en mesurant la vitesse de l'électron, on va trouver soit l'un (1000 km/h), soit l'autre (2000 km/h), mais qu'il n'existe aucun moyen de savoir à l'avance lequel.

2.1.2.5.1.3. La dualité onde-corpuscule

Nous avons dit que le coefficient de la vitesse divine que nous avons mis en nous basant sur les calculs, était relié à la probabilité de trouver Dieu à chaque endroit de l'Univers, connu sous le nom théologique de l'omniprésence de Dieu. Transmise au rayonnement, celle-ci s'est alourdie pour générer des particules ponctuelles avec les caractéristiques duales de Dieu, d'où elles émanent, et qui seront transmises plus tard à la matière. D'où les objets ponctuels, selon David Louapre dans le documentaire « **la mécanique quantique en 7 idées** », se comportent au niveau microscopique comme des ondes, c'est-à-dire qu'ils sont partout à la fois.

Cette idée que les ondes étaient déjà la matière avait été introduite au début du XXe siècle par plusieurs chercheurs, dont le physicien français Louis De Broglie. Ce dernier a notamment proposé l'idée de la dualité onde-corpuscule : les particules peuvent suivre les circonstances, et se comporter soit comme des particules, soit comme des ondes. Cette idée a permis de mettre un terme à la nature de la lumière, c'est-à-dire qu'elle est faite d'ondes électromagnétiques et de photons.

2.1.2.5.1.4. L'effet tunnel

L'un des attributs de Dieu est qu'il n'a pas de barrières; Il transcende le temps et l'espace. Nos barrières physiques ne sont rien pour Lui. Il sonde même nos pensées et nos cœurs (selon le sens religieux) comme en atteste ce verset :

Mt 6 :6 Mais *quand tu pries, entre dans ta chambre, ferme ta porte, et prie ton Père qui est là dans le lieu secret; et ton Père, qui voit dans le secret, te le rendra.*

L'Univers étant la projection divine, cet attribut est conservé par certains rayonnements et éléments microscopiques faisant l'objet d'étude en mécanique quantique. Si Dieu est global, mais à chaque individu, il devient un Dieu personnel connu sous le nom de Père.

Mt 23 :9 Et *n'appelez personne sur la terre votre père; car un seul est votre Père, celui qui est dans les cieux.*

Cette caractéristique acquise par certains éléments physiques microscopiques dont une tranche peut transcender une barrière et se retrouver de l'autre côté, est appelée effet tunnel.

2.1.2.5.1.5. L'intégrale de chemin

Les croyants ont parfois les endroits spéciaux de méditation, or, Dieu transcende le temps et l'espace. Il ne suit pas un chemin précis pour nous atteindre et aucune barrière ne peut l'arrêter. Comme stipulé dans l'effet tunnel, il n'a aucune barrière.

Cette caractéristique acquise par les éléments microscopiques fait qu'en mécanique quantique, lorsqu'une particule quantique va d'un point à un autre, elle passe par tous les chemins possibles qui relient ces deux points. Cela est démontré par plusieurs diagrammes de Feynman que les astrophysiciens connaissent mieux. Cette approche est connue scientifiquement sous le terme d'intégrale de chemin.

2.1.2.5.1.6. La téléportation

La téléportation est l'échange d'information d'une manière presque instantanée sans l'utilisation de la voix, des gestes ou d'outils extérieurs. Elle ne se limite pas aux pensées seulement, mais couvre tous les domaines psychiques tels que sentiments, douleurs, appréhensions, etc.

À travers la mécanique quantique, les savants commencent à expliquer, en se basant sur le comportement des particules, ce qui auparavant faisait partie du psychisme. Cela les éloigne de la religion et de la philosophie, mais pour nous c'est le contraire, d'autant plus que c'est Dieu qui en est le créateur et a doté l'homme de toutes les capacités de par sa création.

En effet, pour le physicien Français Claude Sarrailh, « *les particules élémentaires qui sont les vecteurs de l'action n'ont pas de problème avec le temps (le passé, le futur). Avant d'interagir elles sont partout dans l'espace-temps, et le temps pour elles, ne passe pas... Rappelons-nous que nous ne sommes faits que d'atomes où tournent autour des électrons dont on ne sait pas avant de les observer où ils sont (ils n'ont pas de réalité physique); Et ces électrons ont ce pouvoir d'aller dans le futur et de revenir instantanément dans l'instant présent, puisque avant de les observer ils étaient dans tout l'espace-temps, sans contrainte liée au temps terrestre car pour eux le temps n'est pas passé ».*

(Cfr : Claude Sarrailh, Le secret de la vie, édit LIBRINOVA, Paris 2018, Pp 95-100).

En plus, il a été observé par les savants que l'état des atomes intriqués (une notion très compliquée pour l'expliquer dans un livre de littérature) change plus vite que le temps qu'il faut aux rayons laser pour atteindre un objet, c'est-à-dire plus vite que la vitesse de la lumière. C'est ce qui justifie pour nous, du point de vue physique, cette caractéristique de la déportation instantanée.

En plus, le principe d'intrication, branche de la mécanique quantique, confirme aux physiciens, sans le savoir, les écrits bibliques, coraniques et le Principe divin qui font de Dieu l'origine de tout. En effet, à travers ce principe, les savants ont découvert que nous sommes tous unis et non séparés selon les apparences et cela contredit la théorie de l'évolution de Charles Darwin. (Cfr : documentaire « **Physique quantique pour les nuls** »). Tout comme dans la Bible, beaucoup des phénomènes découverts dans le monde quantique font encore objet d'interprétation.

Ainsi, les objets quantiques qui font la conjonction entre Dieu et les objets macroscopiques gardent ces caractéristiques, même si c'est en décroissant comme quand on canalise un électron et qu'on l'observe.

2.1.2.5.1.7. L'intrication quantique

L'intrication quantique peut être comprise comme étant la téléportation au niveau microscopique. Selon la mécanique quantique, deux particules sont intriquées lorsqu'elles ont une histoire commune, ici, nous pouvons même dire que lorsqu'elles sont issues d'un même atome. L'intrication veut dire que, quelle que soit la distance qui les sépare, leur comportement se fait de manière identique. Une modification sur l'une d'elles entraîne, d'une manière simultanée, un changement sur l'autre.

Pour Blandine Pluchet, l'expérience constatée lors de la démonstration sur l'intrication, à l'année 2000, a remis en cause le principe de causalité (qui dit que la cause précède toujours l'effet) car ce dernier est dépendant du temps qui s'écoule. (Cfr :

Blandine Pluchet, la physique quantique pour les nuls, éd. First, Paris 2018, p. 139).

Comme on le voit, cette constatation confirme notre théorie de la vitesse d'invisibilité divine **de 302 752 x 10^{18}km/s**, qui fait que Dieu est partout et au même instant. Et, comme nous l'avons aussi dit, les phénomènes quantiques ne confirment que les caractéristiques duales de Dieu.

Section 3
Les grandes structures de l'Avant Big-bang

Jusque-là, nous nous sommes trop attardés sur ce qui s'est passé à l'intérieur d'une « Terre informe et vide » en malaxant les notions contenues dans les Tomes I et II. En fait, plusieurs astrophysiciens, sans savoir qu'ils appuyaient la Bible, ont raisonné et continuent de raisonner sur l'émergence de la matière à partir du vide. Que ça soit le principe d'incertitude, ou d'autres principes que j'ignore, contribuant à l'émergence des particules réelles sur le vide, ce sont des théories à replacer dans l'avant Big-bang.

Dans le Tome I qui s'intitule « la cosmologie selon les modèles bibliques et antiques », nous avons détaillé et expliqué tous les contenus de l'Avant Big-bang tels que révélés dans la Bible en Genèse 1 :2-5 et qui s'articule ainsi :

Ge 1 : ***2 La terre était informe et vide*** *: il y avait des* ***ténèbres*** *à la surface de* ***l'abîme****, et* ***l'esprit de Dieu*** *se mouvait au-dessus des* ***eaux. 3*** *Dieu dit : Que la lumière soit!* ***Et la lumière fut. 4*** *Dieu vit que la lumière était bonne; et Dieu* ***sépara la lumière d'avec les ténèbres. 5*** *Dieu appela* ***la lumière jour****, et il appela* ***les ténèbres nuit****. Ainsi, il y eut* ***un soir****, et il y eut* ***un matin : ce fut le premier jour****.*

Voilà la réponse physique et rationnelle de tous ceux qui se pose la question de savoir ce qu'il y avait avant le Big-bang. Nous avons développé en détail chaque ensemble dans le Tome I. En parler d'une manière succincte ici soulèvera beaucoup des questions car il s'agit bel est bien de la découverte du grand univers d'avant Big-bang non des mots seulement.

Toutefois, pour respecter le titre du livre, j'en donnerai ici l'introduction de chaque ensemble tout en laissant leur développement dans le Tome I qui reflète effectivement le grand travail que j'ai fait pour la supériorité de la sagesse juive antique, contenue dans la Bible et qui s'intitule « la cosmologie selon les modèles bibliques et antiques ».

Ce que j'ai développé dans le Tome I faisant partie de mes dix ans de recherche n'a rien à voir avec mon statut de croyant. C'est tout simplement ma découverte de l'avant Big-bang. J'ai recherché dans l'astrophysique les preuves de sa confirmation que je vous livre dans mes publications, et dans le Principe de la création du Rév. Dr. Sun Myung Moon, « Le pourquoi ». À savoir que le « Pourquoi » fait partie des réponses qu'on cherche à obtenir d'un créateur. Je suis le seul, en cosmologie, à avoir fait cette démarche d'une manière scientifique, c'est-à-dire en sondant d'une manière objective les autres écrits sacrés. D'où, en reliant le « comment » et le « pourquoi », cela nous donne l'astrothéologie.

Nous avons dit que c'est dans la Bible et non dans la science que nous avons découvert que l'avant Big-bang était une réalité très mouvementée. Tout ce qui s'est passé a été résumé par Moïse à travers ces versets dont il qualifia la période d'un jour :

*Ge 1 :**2 La terre était informe et vide** : il y avait des **ténèbres** à la surface de **l'abîme**, et **l'esprit de Dieu** se mouvait au-dessus des **eaux.** 3 Dieu dit : Que la lumière soit! **Et la lumière fut.** 4 Dieu vit que la lumière était bonne; et Dieu **sépara la lumière d'avec les ténèbres.** 5 Dieu appela **la lumière jour**, et il appela **les ténèbres nuit**. Ainsi, il y eut **un soir**, et il y eut **un matin : ce fut le premier jour**.*

Comme promis, en voici l'introduction pour chaque ensemble.

3.1. La Terre informe et vide

Selon le Modèle Cosmologique Universel, l'Univers a commencé dans le vide comme en atteste le verset suivant : « Au commencement Dieu créa les cieux et la terre. La *terre était informe et vide* » (Ge 1 :2).

Revenons seulement au premier mot « la terre ». Celle-ci est différente de la planète terre. En effet, en parlant d'une terre vide et informe au premier jour de la création, cela voudrait dire tout simplement que la terre elle-même, en tant qu'élément matériel visible, n'avait pas d'existence. C'est au troisième jour (à la 3e étape) de la création qu'on découvre que la planète terre a été formée. Nous en avons déjà parlé. Lisons :

Ge 1 : 10 *Dieu appela le sec terre, et il appela l'amas des eaux mers... 13 ainsi, il y eut un soir, et il y eut un matin : ce fut le troisième jour.*

Alors que symbolise la phrase, « *La terre était informe et vide* » (Ge 1 :2) dans la Bible au premier jour ? Il s'agit tout simplement de l'Univers à son origine. Un Univers vide et sans forme.

Mathématiquement, Moïse utilisait beaucoup plus les noms des ensembles en compréhension plutôt qu'en extension, et en théologie on parle de langage imagé ; basé sur des formes plutôt que sur des contenus, car en écrivant ces choses, il voulait démontrer l'existence de Dieu le Créateur à tout le peuple et non seulement aux intellectuels.

Ainsi, en parlant d'une terre sans forme et vide, Moïse ne parlait que de l'Univers à son origine. Aujourd'hui, le mot vide fait débat dans le monde scientifique, car on a découvert que le vide, physiquement, n'est pas nécessairement vide, mais qu'il est rempli l'énergie comme en témoigne cet article :

« *Pour les physiciens quantiques, le vide n'est pas rien : dépouillé de toute matière et à une température proche du zéro absolu, l'espace vide contient encore de l'énergie! Une preuve de son existence ? « L'effet Casimir », capable de générer du mouvement à partir de cette seule énergie* ».

(Cfr : La force qui vient du vide - Astrid Lambrecht dans mensuel n° 376 /06/2004, p.48).

Dans l'expérience concernant l'effet Casimir, on a découvert que deux plaques conductrices placées très près l'une de l'autre subissent spontanément une force attractive qui peut être mesurée.

Nous avons fait le développement complet de ce point dans la notion du vide, du chaos et du rayonnement contenue dans ce livre pour y revenir. Pour une révision, comment la matière est-elle issue de ce vide ? Les croyants diront que c'est Dieu qui l'a créé, mais comment, physiquement, cela s'est-il passé ? C'est tout ce que les astrophysiciens attendent.

Ne voulant pas faire de notre recherche un manuel de foi, nous nous alignons autour de la citation suivante :

« L'énergie du vide n'est pas nulle, elle est constante en tout point de l'espace-temps, ce qui permet de respecter la loi de conservation de l'énergie sur l'ensemble de l'univers. L'énergie du vide est constante, mais fluctue au niveau de cette valeur et c'est cette instabilité du vide qui permet la création de matières à l'infiniment petit ». (Cfr : Claude Sarrailh, Le secret de la vie, éd. Librinova, Paris, 2018, P.42).

Comme au départ la terre (l'Univers) était informe et vide, la matière, telle que nous la voyons aujourd'hui, fut formée à partir de l'énergie contenue dans ce vide et dont les propriétés nous viennent des caractéristiques duales de Dieu qui a la propriété de ramener tout à l'unité selon la loi d'ODU (Origine – Division – Union) émise par le Rév. Dr. Sun Myung Moon. (Cfr : Présentation du Principe divin, éd. Culture et Paix, Paris 2013).

3.2. Les ténèbres

Ge 1 : 2 « *La terre était informe et vide :* ***il y avait des ténèbres*** *à la surface de l'abîme et l'esprit de Dieu se mouvait au-dessus des eaux. 3 Dieu dit : Que la* ***lumière*** *soit ! Et la lumière fut. Dieu vit que la lumière était bonne ; et Dieu sépara la lumière d'avec les* ***ténèbres. 4*** *Dieu appela la «* ***lumière » jour****, et il appela les «* ***ténèbres », nuit****. Ainsi, il y eut un soir, et il y eut un matin : ce fut le* ***premier jour*** ».

Si aujourd'hui toutes les étoiles s'éteignaient, le Soleil compris, on reviendrait à un Univers ténébreux comme au début. Cela témoigne encore de la véracité du modèle biblique restitué dans le Modèle Cosmologique Universel. Ce point résout le problème du paradoxe d'Olbers dont nous avons parlé au Tome II.

Au troisième verset (Ge 1.3), Moïse parle de l'apparition de la lumière, or une lumière n'apparait jamais, il faut un soubassement ou un fondement. Alors, qu'elle est la source scientifique de cette lumière ? Ici, nous voyons l'apparition dans les ténèbres, d'une lumière qui n'a pas de source ; c'est-à-dire une lumière qui n'a comme source ni le Soleil, ni les étoiles, ni aucun astre, car à cette période, ni la Bible, ni la science ne parlent encore de la création de ces choses. La Bible dit tout simplement que Dieu dit : « Que la lumière soit ! Et la lumière fut » (Ge 1 :3). Et Dieu appela cette lumière « jour » et ces ténèbres « nuit ».

Comme la « lumière » dans ce contexte ne représente pas nos rayons du Soleil, alors qu'en est-il des ténèbres ? Étant donné que « les ténèbres » est un état de quelque chose qu'on ne peut palper, nous disons qu'il s'agit d'une énergie ayant précédé le Big-bang. En recourant à la science pour voir de quelle énergie s'agit dans la cosmologie ; après mûre recherche, nous découvrons qu'il devrait s'agir de l'énergie noire, qui fait encore à ce jour l'objet de beaucoup de recherches pour les scientifiques.

À ceux pour qui ce nom est tout à fait nouveau, nous pouvons simplement dire que les astrophysiciens ayant constaté certains phénomènes qu'ils n'arrivent pas à expliquer, dont l'accélération de l'Univers due à l'éloignement des astres, ont conclu qu'il y a une énergie inconnue qui concourt à cela. Ils l'ont appelée l'énergie noire. Lisons :

« *Scientifiquement, l'énergie noire est le nom donné à une composante hypothétique de notre* univers, *présentant la particularité d'avoir une pression* ***négative****. Alors que la théorie standard du Big-bang, couplée aux observations faites jusque-là, prévoyait un ralentissement de l'expansion de l'*univers *sous l'effet de la gravitation, celle-ci semble s'être accélérée depuis quelques milliards d'années. C'est par-là qu'est intervenue l'idée d'une énergie invisible qu'on a débaptisé l'énergie noire et qui aujourd'hui est scientifiquement prouvéedepuis1998, par deux équipes d'astrophysiciens menées respectivement par Saul Perlmutter et Adam Riess* »
(Cfr : 13/11/2015 -Laurent Sacco : Futura Science sur web).

Un philosophe antique du Ve siècle du nom d'Empédocle a aussi parlé de cette énergie et l'a surnommé la haine, responsable de discorde ou d'accélération de l'Univers. Nous en avons fait le développement au Tome I.

Dans le documentaire scientifique « **Nouvelle Théorie du champ unifié (Explication de la Gravitation)** » que j'ai découvert en 2018, l'auteur, sans faire référence à la Bible qu'il n'a peut-être jamais lue, démontre que tout a commencé par l'énergie noire qui emplissait l'Univers et que le mouvement sur ces photons fut source de la création des éléments.

En plus, selon les savants, c'est cette énergie qui contrôle le destin, comme l'affirme de nouveau cette autre analyse scientifique :

« ***L'énergie noire*** *est peut-être aussi la trace résiduelle d'une période inflationnaire dans l'histoire très primitive de l'univers. Si c'est le cas, elle est donc profondément liée* ***à la naissance même de l'Univers observable****, de la matière qu'il contient et même de la formation des* galaxies et *des* ***amas de galaxie****. Ce qui est presque sûr c'est qu'elle doit en* ***contrôler le destin*** ».

(Laurent SACCO, www.futura science, le 04/10/2011).

Voilà des propos qui rejoignent la Bible et qui viennent appuyer le Modèle Cosmologique Universel.

Actuellement, l'énergie noire est reconnue par la science comme une force négative assurant l'expansion de l'Univers. Elle reste une énigme pour la science actuelle qui n'arrive ni à la détecter, ni à expliquer son origine. Mais comme dans le Modèle standard, on considère le Big-bang comme étant le point d'origine de toutes choses, les savants disent qu'elle a été créée lors de cet éclatement.

Dans la Bible par contre, les ténèbres sont le siège de cette énergie noire, et cette dernière existait bel et bien avant la « séparation des eaux d'avec les eaux » ou Big-bang. Sous l'inspiration divine, Moïse l'a qualifiée de « nuit » et cela avant même la création du Soleil et des étoiles. C'est pour dire que le mot « nuit » utilisé dans l'avant Big-bang dans la Bible, n'a rien à voir avec nos nuits actuelles causées par un changement de temps.

3.3. L'abîme

Ge 1 :2 « *La terre était informe et vide : il y avait des* ***ténèbre****s à la surface de* ***l'abîme*** *et l'esprit de Dieu se mouvait au-dessus des eaux.3Dieu dit : Que la lumière soit ! Et la lumière fut* ».

Vue artiste d'un trou noir en rotation (Wikipédia).

Dans le glossaire biblique tiré de Free Bible, avons-nous dit, l'abîme est défini comme « *un Monde mystérieux de l'océan primitif, lieu des ténèbres et des puissances mauvaises, de la détresse et de la perdition* ». C'est de cette définition que m'est venue l'idée de me référer aux trous noirs dans l'Univers.

En effet, le glossaire parle du mot perdition, c'est-à-dire une fois attirée là-bas, il n'y a plus aucun espoir de ressortir. Et dans le ciel, les seules choses qui répondent aux explications ci-dessus, que les astrophysiciens ont découvertes, ce sont les trous noirs.

Le mot abîme utilisé par Moïse dans la Bible, d'une manière littérale, cadre avec ce que le physicien John Wheeler expliqua d'une manière scientifique en ce qui concerne les trous noirs comme nous pouvons le lire :

« Le terme « trou noir » a été inventé par le physicien américain John Wheeler, en 1967, pour décrire une concentration de masse-énergie qui s'est effondrée gravitationnellement sous sa propre force d'attraction et qui est devenue si compacte que même les photons ne peuvent se soustraire à cette force gravitationnelle ». (Cfr : Laurent SACCO,www.futurascience, Trou noir).

Nous avons dit que si les savants ne contournaient pas le langage biblique, John Wheeler aurait pu qualifier en1967, les trous noirs des abîmes.

Dans l'espace, le tourbillon d'un trou noir se présente ainsi :

Un trou noir supermassifs dénudé de sa galaxie parcourt l'Univers comme un tourbillon en toute liberté et à grande vitesse.

(Cfr :https://trustmyscience.com/un-trou-noir-supermassif-denude-parcourt-l-univers/*parStéphanie Schmidt, 4 novembre 2016)*

Schématiquement, la force autour du trou noir se présente ainsi :

On les représente généralement sous la forme de gigantesques siphons, capables de déformer l'espace-temps autour d'eux (les lignes bleues sur l'illustration). (Cfr : Joe Bergeron, ***Encarta ® 2009. La modélisation d'un trou noir).***

Ces images répondent effectivement à la définition de Moïse qui a dit : « *il y avait des ténèbres à la surface de l'abîme et l'esprit de Dieu se mouvait au-dessus des eaux. Dieu dit : que la lumière soit ! Et la lumière fut* ». (Ge 1 :2-3).

La rencontre de toutes les lignes forme en bas un entonnoir qualifié d'abîme par Moïse dans la Bible, dans un Univers encore vide. La mouvance de l'esprit de Dieu, ou un vent de Dieu, est représentée par les lignes. En bas, on découvre ce que les astrophysiciens appellent le trou de ver (wormhole en anglais). En haut, c'est la lumière qui jaillit suite à la fusion de la matière originelle (des eaux) et qui illumine l'espace (*Dieu dit : que la lumière soit ! Et la lumière fut*). D'où la phrase biblique : *« Et que les sources de l'abîme jaillirent avec force* » (Pr 8 :28).

3.3.1. Les deux conceptions du mot « abîme »

Tous les savants ayant parlé de l'Avant Big-bang disent qu'il y a eu un effondrement avant le Big-bang. Pour les uns, il s'agissait d'une étoile qui s'effondrait, ou l'Univers lui-même, et pour les autres, comme Gabriele Veneziano, il s'agissait seulement de la déformation de l'espace-temps créée par les particules qui se combinaient.

Il exprime sa pensée en ce terme :

« Dans mon scénario, on part d'un Univers presque vide, très, très dilué avec des interactions très faibles entre les composants. Dans ce quasi-vide, il y a cependant des instabilités qui peuvent devenir catastrophiques et entraîner des effondrements gravitationnels comme un trou noir. Et l'Univers que nous connaissons sortirait de ce quasi-vide initial à travers ce trou noir. Pour parvenir à expliquer ce phénomène, il faut utiliser la théorie des cordes et résoudre ses équations très complexes qui impliquent un monde à 10 dimensions. Il nous faut pour cela de nouveaux résultats en mathématiques. Pour donner naissance à un Univers comme le nôtre, il faut partir d'un trou noir qui aurait au moins la dimension d'un noyau d'atome (soit 10^{-15}) ». (Cfr : **Gabriele Veneziano**, interview par Guy **DUPLAT)**.

http://www.lalibre.be/archive/qu-y-avait-il-avant-le-big-bang ; publié le 15/12/2005.

Cette Interview explique d'une manière très scientifique le début de l'univers selon la Bible, jusqu'à aboutir à la notion d'atome primitif du savant belge, l'abbé George Lemaitre.

ITEMS	**Gabriele Veneziano**	**Moïse** (BIBLE : Ge 1 :2)
01	*Univers presque vide*	La terre était informe et vide
02	*effondrements gravitationnels comme un trou noir*	Abîme
03	*un trou noir qui aurait au moins la dimension d'un noyau d'atome*	Un vent de Dieu se mouvait au-dessus des eaux
04	*l'Univers que nous connaissons sortirait de ce quasi-vide initial à travers ce trou noir*	Séparation des eaux d'avec les eaux (Big-bang)

À la lumière de ce qui précède, nous concluons que l'abîme biblique n'est pas un autre phénomène que la déformation du tissu de l'espace-temps, causée par la matière originelle avant sa condensation sous l'action de l'esprit de Dieu (La Force Première Universelle) qui se mouvait au-dessus des eaux (force gravitationnelle). En d'autres termes, ces versets expliquent une action physique et doivent être scientifiquement reconnus. La Bible parle d'abîme suivi de la mouvance de l'esprit de Dieu sur les éléments (eaux) qu'elle a pu rassembler et condenser en formant, selon **Gabriele Veneziano**, « *un noyau d'atomes (soit 10 exposant -15 m) pour donner naissance à un Univers comme le nôtre* ».

*(***Gabriele Veneziano**, interview par **Guy DUPLAT sur** www.lalibre.be/qu-y-avait-il-avant-le-big-bang; publié le 15/12/2005).

Cette hypothèse de Gabriele Veneziano rencontre aussi celui des Stephen Hawking et Roger Penrose comme nous pouvons la lire : *« Avec son inséparable condisciple Roger Penrose, Hawking se lance, de 1965 à 1970, dans des travaux théoriques sur le Big-bang. Ils appliquent la relativité générale d'Einstein et établissent qu'au commencement de l'Univers, il existe une singularité, un effondrement gravitationnel semblable à celui que l'on trouve au cœur des trous noirs ». (Cfr : Magazine Ciel&Espace n°423 - Aout 2005; L'étrange Univers de Monsieur HAWKING, p.42)*

Pour le Modèle Cosmologique Universel, l'Univers s'est retrouvé condensé avant le Big-bang. Mais en se condensant, la matière qu'il a confinée fut qualifiée des « eaux » par la Bible suite de son état. En effet, pour qu'il y ait Big-bang, ou séparation des eaux d'avec les eaux selon la Bible, il a fallu une zone d'attraction où les particules originelles se sont mises à s'entrecroiser selon le terme littéraire, créant des chocs, générant la chaleur et la lumière pour aboutir au Big-bang. C'est cette zone que Moïse qualifia d'abîme et que nous appelons le premier trou noir dans l'Univers, ou la première déformation du tissu de l'espace-temps. C'est dans cette zone que l'énergie (les ténèbres) était à la surface ; pas d'une manière statique, mais active, comme elle l'est toujours aujourd'hui.

En plus, la température uniforme du fond diffus cosmologique nous dévoile que l'Univers s'était effectivement condensé, creusant un abîme dans le tissu de l'espace-temps, ce qui a permis à tous les extrêmes de bénéficier d'une même élévation de température.

D'ailleurs, l'idée de la science selon laquelle l'Univers serait issu du trou noir (abîme), commence aussi à faire du chemin comme nous pouvons le lire dans ce commentaire scientifique parut dans Futura-science.fr :

*« Un **trou noir** ordinaire se crée par l'effondrement gravitationnel d'une **étoile massive**, c'est un événement **local**. Les modèles de Big-bang en revanche, sont des événements **à l'échelle globale**, il est donc difficile de les mettre en relation. On commence néanmoins à envisager des modèles dans lesquels il y a **un avant au Big-bang.**On peut imaginer et calculer des solutions qui mettent en scène un Univers qui était en **contraction** généralisée par exemple. Cet Univers, au lieu de s'écrouler sur lui-même en un **Big Crunch**, aurait formé un **trou noir**. Or, la théorie nous dit que dans certaines conditions le « fond » d'un trou noir n'est pas nécessairement bouché : il peut produire un **trou de ver**(wormhole en anglais). Ce trou de ver serait une sorte de tunnel qui pourrait connecter l'entrée d'un trou noir à une sortie : un trou blanc ou une fontaine blanche. Il est assez tentant d'imaginer que finalement notre Big-bang pourrait être la sortie d'un trou de ver. Cela fait partie des quelques hypothèses sur lesquelles travaillent les chercheurs actuellement* ». – (Cfr : Jonathan SARE, www.futura-Sciences, publié le 05/11/2014).

Donc, scientifiquement, de plus en plus des déductions commencent à germer que tout a commencé dans un vide qu'on peut qualifier d'abîme dans l'espace. Ainsi, comme premiers phénomènes dont la Bible ne précise pas l'ordre croissant de leur émergence, nous avons les ténèbres (énergie noire négative), l'abîme (trou noir), l'esprit de Dieu (énergie positive) et eaux (matières originelles).

3.4. L'esprit de Dieu ou un vent de Dieu

Ge 1 :2 « … l'esprit de Dieu** se mouvait au-dessus **des eaux » (Version Louis Segond)

Ge 1 :2 « … un vent de Dieu** se mouvait au-dessus **des eaux » (Version Jérusalem)

En lisant l'esprit de Dieu, on pense qu'on parle de la spiritualité, mais j'ai été surpris de constater que dans la Bible version Jérusalem, on parle plutôt d'un « vent de Dieu ». En parlant de vent, on sait directement qu'on a affaire à une force physique, mais dont l'auteur l'attribue à la puissance divine. N'importe qui peut l'attribuer à qui il veut car il s'agissait de la collision des particules telle qu'étudiée en mécanique quantique. Or, c'est grâce aux caractéristiques duelles de Dieu dotées à ces particules qu'elles entraient en collision. Par conséquent, Moïse avait raison de dire « un vent de Dieu » selon la Bible version Jérusalem.

Dans le verset ci-dessus (Ge 1 : 2), nous voyons que l'esprit de Dieu était en action au-dessus des eaux. C'est la traduction qui afait que les lecteurs de la Bible pensent qu'il y avait de l'eau au-dessous et l'esprit ou un vent de Dieu au-dessus de celle-ci. Le vent dans ce contexte est une force invisible qui s'exerçait sur les particules originelles dans un Univers vide. Les termes scientifiques actuellement sont la force gravitationnelle ou super-force. Les eaux, ici, représentent les particules originelles.

Nous comprenons directement que l'Esprit de Dieu, ou un vent de Dieu, représente l'Énergie Première qui était en action et qui a entrainé la première condensation de l'Univers. À défaut d'un nom scientifique, nous appelons cette force de mouvance sur la matière originelle du nom que le Rév. Dr. Sun Myung Moon a eu à utiliser, à savoir « la Force Première Universelle », générée par l'Énergie Première universelle qui est en Dieu.

Pour rappel, l'Énergie Première Universelle est l'énergie fondamentale de Dieu, dotée dans les particules. En Dieu, tous les attributs, appelés caractéristiques duales, se trouvent unis. Projetés par Dieu et séparés, ils ont tendance à revenir à l'unité. Elle peut être positive (masculinité) ou négative (féminité), c'est ce qui crée la force d'attraction entre deux corps de même nature, mais opposés (Loi de Coulomb ou de la dualité qui n'est autre qu'une loi naturelle dont l'origine se trouve en Dieu).

Cette force se manifestant au sein de Dieu, assurant son éternité, et au sein des particules pour leur liaison, est baptisée par le Rév. Dr. Sun Myung Moon qui en fit la découverte, la Force Première Universelle.

L'esprit de Dieu ou un « vent de Dieu » dans la Bible version Jérusalem, c'est l'énergie qui a permis de mettre en action la matière dans la période d'avant Big-bang. Ainsi, ce fut une période très mouvementée.

Etant donné que la science n'a pas encore entrepris l'étude de l'avant Big-bang, alors nous allons nous baser sur l'explication du Principe de la création du Rév. Dr. Sun Myung Moon qui nous explique l'intégration de la cause dans les entités, source de leurs mouvances.

« *Dieu, le Créateur de toutes choses, est la réalité absolue, éternelle, existante par elle-même, transcendant le temps et l'espace. L'énergie fondamentale de Dieu est aussi absolue, éternelle, et existante par elle-même.* ***Elle est l'origine des énergies*** *et de* ***forces qui permettent aux êtres créés d'exister****. Nous appelons cette énergie fondamentale* ***l'énergie première universelle****...grâce à l'action de* ***l'énergie première universelle****, les éléments sujets et objets de chaque entité forment une base commune et entrent en interaction. Cette relation génère à son tour toutes les forces dont l'entité a besoin pour l'existence, la multiplication et l'action. L'interaction qui génère ainsi ces forces est appelée* ***action de donner et recevoir*** ».

(Cfr : Présentation du Principe divin : Pp 29-47, éd. Culture et Paix, Paris).

Pour la science, par « sujet » il faut entendre « positive » et par « objet », « négative ». C'est ainsi que nous retrouvons en commun, selon l'exposé ci-dessus auquel je vous renvoie, que chaque chose créée par Dieu, de l'atome aux corps composés, a son correspondant positif ou négatif, afin de produire un résultat multiplicatif, plutôt qu'une inertie ou un anéantissement, comme nous pouvons encore le lire dans le même livre :

« Nous *découvrons ainsi dans toute la création* (Univers pour les scientifiques*) qu'il existe une relation réciproque entre la positivité* *et la négativité. Par exemple, les atomes sont formés à partir de la relation réciproque entre éléments positifs et négatifs. Les atomes eux-mêmes ont des caractéristiques positives et négatives. Sur la base de telles caractéristiques, deux ou plusieurs atomes entretiennent une relation réciproque, formant des molécules. Les plantes contiennent des éléments mâles et femelles. De même, la plupart des animaux se reproduisent par relation entre mâle et femelle .Toutes les plantes et tous les animaux existent et se renouvellent en vertu de myriades de relations intérieures et extérieures interdépendantes d'éléments positifs et négatifs...Le fait que la création est composée de caractéristiques duales de positivité et de négativité signifie que Dieu lui-même, qui est la cause première de toutes choses, est l'origine des caractéristiques duales de positivité et de négativité.* (Cfr : le Principe divin, niveau 4, p.11).

À travers ces écrits du *Principe de la création*, branche du Principe divin, nous comprenons que dans la phrase " l'esprit de Dieu se mouvait dans les eaux", il s'agit d'une force sur la matière d'avant Big-bang jusqu'à produire après une longue période de la lumière, que nous appelons selon son correspondant à la science actuelle de rayonnement (Et, la lumière fut). Après ce rayonnement qui, avons-nous dit, a marqué l'étape finale de l'avant Big-bang. Le Big-bang a dû se produire après comme nous pouvons le lire dans cette affirmation scientifique :

« *La valeur maximale de la force de gravitation a été atteinte au moment du Big-bang, c'est-à-dire à la création de l'univers, où toute la matière était concentrée en un point et où le temps n'existait pas. C'est au moment de cette libération d'énergie et de lumière que le temps est apparu* ».

(Cfr : Claude Sarrailh, Le secret de la vie, éd. Librinova, 2018, P.15).

Sans commenter l'idée de l'auteur, dont j'ignore l'avis concernant l'avant Big-bang, en affirmant que la valeur « maximale de la force de la gravitation avait été atteinte au moment du Big-bang », on voit directement qu'il y a eu effectivement un avant Big-bang mouvementé comme le confirme le verset biblique « *un vent de Dieu ou un esprit de Dieu se mouvait sur les eaux* » (Ge 1.2).

Cet esprit de Dieu, issu de l'énergie appelée Force Première

Universelle par le Rév. Dr. Sun Myung Moon, contribue à la dynamique de l'Univers comme la force fondamentale des créatures en tant qu'une force interne. Nous la retrouvons bibliquement quand Dieu a créé l'homme en disant, dans le verset : « *Dieu souffla dans ses narines et l'homme devint un être vivant* » (Ge 2 : 7).

Entre deux entités séparées, cela prend différentes appellations telles que gravitation, magnétisme et toutes les lois d'attraction et de répulsion connues par la science. À l'échelle de l'Univers, nous la retrouvons aussi dans la théorie de l'unification des forces.

3.5. L'eau

3.5.1. L'utilisation du mot « eau » par Moïse

Ge 1 :2 « *La terre était informe et vide : il y avait des ténèbres à la surface de l'abîme, et l'esprit de Dieu se mouvait au-dessus* ***des eaux***

L'uniformité des éléments contenus dans les galaxies montre la véracité biblique d'avoir qualifié les particules d'origine à la formation de tout ce que nous voyons aujourd'hui, y compris l'homme, de l'eau. En plus, l'utilisation du nom « eaux » par Moïse se justifie du fait que la matière originelle, partout où elle se trouve projetée dans l'Univers, se migre plus facilement en solide, liquide, gaz et plasma. C'est ce qui justifie qu'on la retrouve presque partout sous une de ces quatre formes.

La forme dépend de la température à laquelle elle est soumise. Pour cela, nous pouvons lire cette affirmation scientifique :

« *L'eau est abondante dans le Cosmos. On pourrait presque dire que celui-ci est « humide ». Mais, il est rare de la trouver à l'état liquide.*

(Cfr : Les défis de la science ; l'origine de la vie –édité par RBA Coleccionables, S.A.U. Barcelone, 2018, P.22).

Selon la Bible, la matière originelle, qualifiée des « eaux », a traversé trois phases :

— Avant Big-bang : l'esprit de Dieu se mouvait sur les **eaux** ;

— Au Big-bang : **Séparation** des eaux d'avec les eaux ;

— Après Big-bang : formation de la terre et des luminaires à partir des eaux du **dessous** et du **dessus**.

Ainsi, en parlant de l'eau comme masse d'avant Big-bang, cela n'a rien à voir avec l'eau liquide telle nous la connaissons. Nous pouvons même dire que l'eau ici, représente les particules originelles se trouvant dans la masse ou les énergies ayant occasionné le Big-bang jusqu'à la formation des structures dans l'après Big-bang.

À la lumière de tout ceci et en lisant l'histoire de la Genèse, éclaircis par ce livre, nous découvrons que ce sont des vérités testables aujourd'hui scientifiquement.

3.6. La lumière

Ge 1.3 :« *Dieu dit : Que la* ***lumière*** *soit ! Et la* ***lumière*** *fut* ».

L'idée qu'une lumière a illuminé l'Univers avant le Big-bang paraît saugrenue pour les savants du temps contemporain. Pour eux, la première lumière n'est apparue qu'après que les atomes aient atteint un degré suffisant de chaleur. Cela après le Big-bang selon la théorie standard.

Dans le Modèle Cosmologique Universel par contre, l'ère moins un de l'Univers, appelée le premier jour dans la Bible, s'est clôturée avec l'apparition d'une lumière. À quels éléments ou particules était-elle due ?

Nous avons dit que toute lumière a une source émettrice. Pour ce qui est du verset biblique, personne ne s'est jamais posé la question parce qu'il est écrit : « Dieu dit : que la lumière soit ! Et la lumière fut » (Ge 1 :3). Alors, tout le monde a cru jusque-là, sauf les savants, à une émergence miraculeuse de la lumière dictée par la parole de Dieu.

C'était plutôt la conséquence de la mouvance d'un vent de Dieu, ou de l'esprit de Dieu, sur les eaux. On comprend directement qu'on a été en face des phénomènes physiques se déroulant dans l'avant Big-bang et que ces eaux qui se sont fortement chauffées jusqu'à produire de la lumière ne sont pas notre eau courante.

Suivons cela :

Ge 1 :2 *La terre était informe et vide : il y avait des ténèbres à la surface de l'abîme, et* ***l'esprit de Dieu*** *se mouvait au-dessus des* ***eaux****. 3 Dieu dit : que la* ***lumière*** *soit ! Et la* ***lumière*** *fut. 4 Dieu vit que la lumière était bonne; et Dieu sépara* ***la lumière*** *d'avec les* ***ténèbres.*** *5 Dieu appela la lumière* ***jour****, et il appela les ténèbres* ***nuit****. Ainsi, il y eut un soir, et il y eut un matin : ce fut le premier jour.*

Cette lumière première originelle pouvait être le rayonnement fossile. Pourquoi pouvait être ? Parce que c'est à la science de le confirmer. Nous ne voulons pas faire dans ce livre des déclarations basées sur la foi. Moïse l'a qualifiée de « jour ».

Le mot « lumière » constitue la preuve biblique, confirmée par la science, qu'effectivement l'Univers a connu une phase très élevée de chaleur avant le Big-bang. Cela nous réconforte aussi comme démonstration que le schéma de la création n'est pas un conte. Ainsi, dans le Tome I, nous avons décrit quelques propriétés dans l'Univers qui confirment de l'apparition de la lumière d'avant le Big-bang.

Beaucoup penseront peut-être que ce rayonnement a disparu depuis le Big-bang en laissant la place au rayonnement fossile. Cela ne peut être vrai dans la mesure où Dieu, sous les écrits de la Bible, l'immortalisa par le terme « jour » ; c'est-à-dire qui a des fluctuations qui ne pourront plus prendre fin. Par conséquent, nous pouvons dire que cette lumière n'est autre que le rayonnement fossile qui est resté emprisonné dans l'Univers condensé, avant de réapparaitre 380 000 ans plus tard après le Big-bang.

Le savant George Gamow fut le premier à dire, vers la fin des années 1940, que si l'Univers s'était réellement chauffé jusqu'à aboutir au Big-bang, les rayonnements émis devraient laisser des traces. Et c'est en 1965 que deux savants américains les ont découverts et la science les nomma rayonnement fossile ou fond diffus cosmologique.

Ce rayonnement révélera que la température de l'espace est étrangement uniforme, même à des endroits les plus éloignés de l'Univers, et que si on s'en tenait au Big-bang comme son point de départ, l'équation s'avérerait impossible. En d'autres termes, selon le Modèle Cosmologique Universel, le maximum du réchauffement de ce rayonnement était atteint avant le Big-bang.

Cette description de l'apparition d'une lumière avant le Big-bang est soutenue par tous les savants qui ont raisonné sur l'avant Big-bang, notamment en parlant d'une étoile qui s'est effondrée. Quand à Roger Penrose, le créateur de la théorie des univers cycliques, il l'explique à travers le schéma suivant, appelé diagramme de Minkowski.

Diagramme conforme de l'espace-temps de Minkowski.

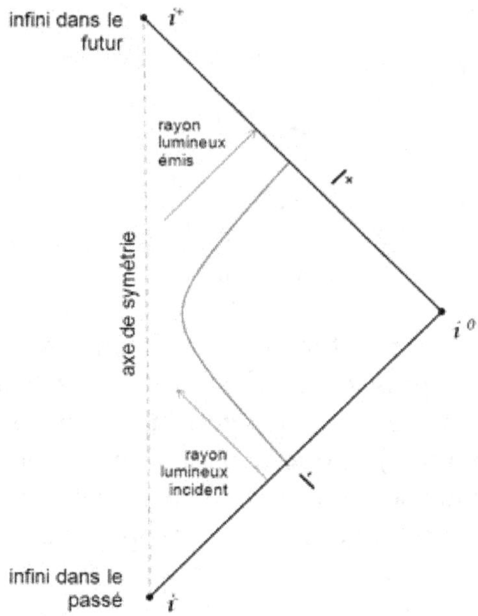

« Le caractère conforme de cette représentation fait qu'un rayon lumineux en provenance du passé suit une droite inclinée à 45 degrés de la droite vers la gauche et qu'un rayon lumineux dirigé vers le futur suit une droite à inclinée à 45 degrés de la gauche vers la droite. La courbe bleue représente la trajectoire d'un objet provenant de l'infini dans le passé et se prolongeant vers l'infini dans l'avenir ». (Diagramme de Penrose :Chaours.rv.pagesperso.orange.fr/physique/Stars/Black/penrose.htm).

Notre interprétation du *Diagramme de l'espace-temps de Minkowski*
(Diagramme de Penrose : Chaours.rv.pagesperso.orange.fr/physique/Stars/Black/penrose.htm).

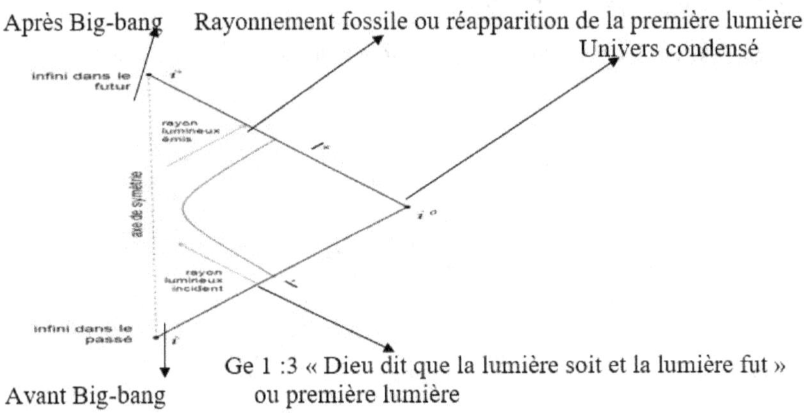

Ce diagramme constitue pour nous une preuve scientifique que nous ne raisonnons pas dans le vide. Ce schéma scientifique montre qu'il y a bien eu un rayon lumineux incident avant le Big-bang au point (-) et que dans le point ***io*** où l'Univers s'est totalement condensé, rien ne pouvait plus être visible, ni même la lumière et que cette dernière est réapparue après, au point (+).

Section 4
Le Modèle Cosmologique Universel face aux autres théories d'avant Big-bang

4.1. La théorie du néant quantique

La théorie du néant quantique est soutenue par le Pr. Lawrence Krauss de l'université d'État de l'Arizona. Tout en prétendant qu'il n'y avait rien avant le Big-bang, sa théorie repose sur de prétendues particules virtuelles qui naissent et meurent dans l'espace vide en quelques fractions seconde avant qu'on arrive au Big-bang.

Cette introduction rejoint le Modèle Cosmologique Universel dans la mesure où la Bible confirme qu'au commencement « la terre (l'Univers) était informe et vide ». Les astrophysiciens ont démontré que dans le vide, il y a des particules virtuelles.

C'est ainsi que le Pr Krauss a expliqué que si vous supprimez les particules virtuelles d'une région de l'espace, elle aura quand même une densité énergétique, alors qu'elle ne devrait pas. C'est à partir de ce néant que notre Univers aurait pu naitre.

En analysant la théorie du néant quantique du Pr Krauss, nous découvrons qu'il manque beaucoup de phénomènes entre le néant quantique pour aboutir au Big-bang. Il s'agit effectivement des phénomènes décrits dans la Bible au moment où Moïse parle « d'une terre informe et vide, jusqu'à ce qu'il y eut la séparation des eaux d'avec les eaux » (Ge 1 :1-6) ou Big-bang.

Donc, tout ce qui s'est passé entre le néant quantique, théorie développée par le Pr Lawrence Krauss, et le Big-bang, a été largement développé au Tome I. Toutefois, dans ce Tome, nous allons faire appel à ce que nous avons dit dans les précédents Tomes tout en le révisant.

4.2. Les univers cycliques

Les univers cycliques font partie des théories soutenues par Albert Einstein en 1930 et plus tard par Sir Roger Penrose, professeur au Bedford College de Londres, Université de

Princeton, Wadham College d'Oxford. Ce qui fait débat pour le moment c'est le Modèlede Sir Roger Penrose et du mathématicien arménien Vahe Gurzadyan en 2010, et qui a pour nom le modèle Conformal Cyclic Cosmology (CCC). Nous en avons expliqué les détails au Tome II.

En effet, dans le modèle cyclique, un univers peut avoir une origine et passer par des phases d'inflation et d'expansion. Cette expansion va jusqu'à un point puis s'arrête, et après la gravitation reprend ce droit. Par-là, toutes les galaxies se contractent de nouveau jusqu'à une certaine densité maximale, avant que l'Univers fasse de nouveau un rebond.

Par-là, il conclura que notre Univers n'est que la suite des autres univers qui nous ont précédés. Un jour, il connaitra le même sort pour céder encore la place à d'autres univers.

Dans cette théorie, Sir Roger Penrose ne sait pas à quel moment le premier univers a commencé pour qu'on arrive au nôtre. En plus, ce premier univers a commencé par quel processus ? C'est par-là que nous voyons la supériorité du schéma biblique de la création, tel que restitué dans le Modèle Cosmologique Universel, qui offre un commencement pour l'Univers dans un néant quantique avant qu'on arrive au Big-bang ou « la séparation des eaux d'avec les eaux ».

En plus, l'idée de modèle cyclique existe depuis les années 1920 et Einstein l'amême appuyée en proposant une variante en 1930. Mais, en 1934, le physicien américain Richard Tolman démontra que ces modèles cycliques, y compris celui d'Einstein, ne pouvaient pas fonctionner à cause du deuxième principe de la thermodynamique. Les physiciens savent ce que cela signifie. Mais d'une manière générale, à chaque étape, la quantité d'énergie utilisable en son sein ne ferait que diminuer. Ainsi, chaque expansion serait plus lente que la précédente, jusqu'à ce qu'on aboutisse à un Big-crunch sans énergie de redémarrage. (Cfr : Magazine « Les secrets de l'Espace », Hors-série n°7, les mystères de l'Univers, que s'est-il passé avant le Big-bang ? p.11)

Toutefois, Sir Roger Penrose a interprété le fond diffus cosmologique de la même manière que dans le Modèle Cosmologique Universel. En effet, pour le Modèle Cosmologique, le rayonnement du fond diffus cosmologique nous vient de l'avant Big-bang au moment où il est dit dans la Bible « Puis Dieu dit, que la lumière soit et la lumière fut ». Cette lumière, avons-nous dit, n'est pas apparue parce que Dieu a parlé, mais c'était une façon pour Moïse de démontrer que cela faisait partie du plan divin. Cette lumière est apparue suite à la contraction des particules originelles dans un mouvement qualifié par la Bible « d'un vent de Dieu se mouvant sur les eaux ».

C'est cette contraction, qui est souvent confondue par les partisans des univers cycliques, d'un univers qui s'est contracté dans une vie passée, comme disent les Indiens.

Pour Penrose et Gurzadyan, l'image du fond diffus cosmologique contient des taches démontrant la présence d'anneaux concentriques extrêmement faibles, issus de cycles cosmiques antérieurs. Pour le Modèle Cosmologique Universel, cela démontre qu'il y a eu un avant Big-bang.

Comme je l'ai dit, ce sont les astrophysiciens eux-mêmes qui prouveront, dans leurs arguments, la véracité du Modèle Cosmologique Universel et, par conséquent, celle du schéma biblique de la création.

4.3. Un Univers vide infini

Un Univers en provenance d'un vide infini, c'est la théorie soutenue par le Pr. Gabriele Veneziano. C'est la théorie qui est très proche du récit biblique de la création par son évolution, sauf que l'infini, dans le passé, était caractérisé par un monde spirituel, avant qu'une partie de particules spirituelles se mutent, selon les termes physiques, dans les particules physiques et deviennent une terre informe et vide. J'ai parlé selon les termes physiques parce que, dans le langage religieux, nous diront que c'est Dieu qui créa cette terre informe et vide signifiant l'Univers.

Pour revenir à la théorie « d'un univers vide infini » soutenue par le Pr Gabriele Veneziano, l'Univers a toujours existé et est resté quasiment vide pendant ce temps. La gravité a fini par prendre le dessus et la matière a commencé à s'agglomérer. Cela rejoint la phrase biblique « un vent de Dieu se mouvant sur les eaux » et c'est ce que nous avons qualifié de la déflation cosmique dans le Modèle Cosmologique Universel.

Toujours selon la théorie « d'un univers vide infini », la densité de la matière est telle que, dans certaines régions, elle forme un trou noir dont l'intérieur connait un processus d'expansion. Là encore, cela rejoint la Bible à travers le verset « il y avait les ténèbres dans la surface de l'abîme ». L'abîme est défini, selon le glossaire de Free Bible et Louis Segond, comme un *« Monde mystérieux de l'océan primitif, lieu des ténèbres et des puissances mauvaises, de la détresse et de la perdition. »* Cette définition cadre effectivement avec la description d'un trou noir. Si John Wheeler avait connu cette définition, il aurait pu garder, en 1967, le nom « abîme » pour les trous noirs.

En effet, le mot abîme, utilisé par Moïse dans la Bible d'une manière littérale, cadre avec ce que le physicien John Wheeler expliqua d'une manière scientifique en ce qui concerne les trous noirs comme nous pouvons le lire :

« Le terme « trou noir » a été inventé par le physicien américain John Wheeler, en 1967, pour décrire une concentration de masse-énergie qui s'est effondrée gravitationnellement sous sa propre force d'attraction et qui est devenue si compacte que même les photons ne peuvent se soustraire à cette force gravitationnelle ». (Cfr : Laurent SACCO,www.futurascience, Trou noir).

La dernière phrase ce cette citation dit « *que même les photons ne peuvent se soustraire à cette force gravitationnelle* ». Cela cadre avec la phrase *« lieu des ténèbres et des puissances mauvaises, de la détresse et de la perdition. "*

Revenons à la théorie « d'un univers vide infini » soutenue par le Pr Gabriele Veneziano qui a dit :« *La matière continuant d'être avalée par le trou noir, sa densité augmente jusqu'à une limite imposée par la physique* ».

C'est ici qu'est venue la deuxième différence avec le récit biblique de la création. Arrivée à ce niveau, selon le Modèle Cosmologique Universel, la matière s'est fortement chauffé jusqu'à faire jaillir la lumière (les feux) qualifiée par la phrase biblique « Dieu dit que la lumière soit et la lumière fut ».

Enfin, la théorie « d'un univers vide infini » soutenue par le Pr Gabriele Veneziano clôtura par « *quand elle ne peut plus supporter les fluctuations quantiques, celles-ci provoquent l'expansion de la matière vers l'extérieur dans un scénario de type Big-bang à l'intérieur de son univers trou noir* ».

Voilà pourquoi j'ai cité à plusieurs reprises le Pr Gabriele Veneziano en disant qu'il a offert un schéma proche du récit biblique de la création. Toutefois, comme on vient le voir, le Modèle Cosmologique Universel est plus précis pour comprendre l'Univers de l'avant Big-bang jusqu'au vivant.

4.4. Les autres théories soutenant l'avant Big-bang

Nous ne pouvons pas analyser toutes les théories existantes, mais le point commun pour tous, c'est l'existence d'un trou noir avant le Big-bang. Moi-même j'étais troublé par le mot abîme dans la Bible, dans ce stade de l'Univers, et je fus encore plus troublé quand sa définition me renvoya au trou noir. J'ai failli cesser mes recherches en disant : comment un trou noir peut se retrouver dans l'avant Big-bang. Ce n'est qu'après avoir compris ce que signifiait « la déformation de l'espace-temps » causée par une concentration des particules, que le courage m'est revenu.

Ainsi, dans le Tome I, j'ai parlé des deux écoles pour l'interprétation de l'abîme, à savoir un Univers avant Big-bang avec trou noir et un Univers avant Big-bang avec une déformation de l'espace-temps interprétée par les autres théoriciens comme étant un abîme. Et j'ai développé les deux théories dans le Tome I.

J'ai découvert plusieurs articles témoignant que le Big-bang est issu d'un trou noir. Même si je ne partage pas ce que leurs auteurs disent sur ce qui s'est passé avant, du moins ils confirment ma restitution scientifique du schéma de la création biblique selon laquelle l'abîme est assimilé à un trou noir.

Parmi les autres théories de l'abîme comme trou noir nous avons :

4.4.1. L'Univers issu d'un autre univers

– Selon une hypothèse de trois chercheurs de l'Institut Périmètre du Canada, publiée dans la revue « Scientic American », notre Univers pourrait avoir émergé d'un trou noir contenu dans un univers ayant un plus grand nombre de dimensions. Il s'agit de **Niayesh Afshordi**, professeur associé à l'Institut Périmètre, **Robert Mann**, membre affilié de l'Institut Périmètre et professeur à l'Université de Waterloo, ainsi que la doctorante **Razieh Pourhasan**. Toujours selon les mêmes articles, leur modèle semble résoudre des problèmes cosmologiques de longue date et – ce qui est crucial – il produit des prédictions vérifiables.

L'intégralité des commentaires qui suivent pourrait être lue dans : *https://ingeniumcanada.org/innovation/fr/recit/un-trou-noir-lorigine-de-lunivers.*

– Quant au Pr Nikodem Poplawski, physicien à l'université de New Haven, dans le Connecticut, il a développé une théorie selon laquelle notre Univers proviendrait d'un trou noir. Il explique :« *Notre univers devrait obéir aux mêmes lois que l'Univers parent dans lequel le trou noir existe* ».

Il nous rejoint quand il poursuit : « *J'ai publié un article qui montre la cohérence (du scénario du trou noir) avec les observations de Planck du fond diffus cosmologique* ». Nous avons dit, dans le Tome I, que la preuve de l'existence de l'avant Big-bang ne pourra être lue que dans le miroir du fond diffus cosmologique ou si on découvrait un jour les particules sub-subatomiques.

–Enfin pour le Pr Stephen Hawking, « *Notre Univers, pourrai être l'intérieur d'un trou noir existant dans un autre Univers. Les trous noirs formés par les étoiles et les galaxies d'un tel Univers créent de nouveaux univers. Un Univers peut donc enfanter des milliards de bébés Univers, qui sont formés par les trous noirs* ».

(Cfr : Magazine « les secrets de l'espace#HORS SERIE N° 7 : Que s'est-il passé avant le Big-bang ?)

Le Modèle Cosmologique Universel ne partage pas son point de vue sur un univers multidimensionnel pré-Big-bang. Si on reculait dans le passé, on aurait de tels univers qui s'effondreraient et qui reviendraient, comme l'affirme le savant Américain **Penrose** dans son Modèle des Univers cycliques et cette dernière déclaration de Stephen Hawking.

4.4.2. La théorie des champs quantiques dans l'espace-temps incurvé

Cette théorie a pour auteur le physicien **Leonard Emanuel Parker**, professeur et ancien directeur du Center for Gravitation and Cosmology à l'Université du Wisconsin-Milwaukee. À la fin des années 1960, Parker a établi un nouveau domaine de la physique – la théorie des champs quantiques dans l'espace-temps incurvé.Il a découvert le mécanisme physique connu sous le nom de production de particules cosmologiques.

Nous avons dit que l'avant Big-bang était caractérisé par la déflation cosmique où l'univers se condenser, créant des fluctuations du vide. L'après Big-bang par contre est caractérisé par l'inflation et l'expansion. Le professeur Parker a émis l'idée que l'expansion de l'univers, qui pour nous ont les mêmes conséquences la déflation, peut créer des particules hors du vide. Nous lisons ceci dans un article :

« Son travail a inspiré la recherche par des centaines de physiciens et a été cité dans plus de 2.000 articles de recherche; il a été crédité dans les mémoires du physicien soviétique Andreï Sakharov et a aidé Stephen Hawking à découvrir la création de particules par les trous noirs". (Cfr : Leonard Parker; Wikipédia).

Une prédiction générale de cette théorie est que les particules peuvent être créées par des champs gravitationnels dépendants du temps production de paires multigravitones), ou par des champs gravitationnels indépendants du temps qui contiennent des horizons.

Commentant sa théorie, nous lisons ceci dans un autre article scientifique :

« *Certains résultats indiquent que la création des particules à partir du vide quantique proposée par Parker est importante pour comprendre comment ont été obtenues les particules qui ont donné naissance à notre Univers à partir du vide de l'inflaton* ». (Voyage dans le cosmos; Le vide et le néant –édité par RBA Collecionables, S.A.U. Barcelone, 2020, P.144).

Conclusion sur l'avant Big-bang

Désormais, le Modèle Cosmologique Universel donne une nouvelle matière à réflexion aux savants pour l'Univers d'avant Big-bang. La Bible a parlé en compréhension et il appartient aux savants de l'étendre en extension. Nous avons relevé sept grandes structures suivantes d'avant Big-bang :

– **La terre était informe et vide** : Univers sans forme et vide au départ ; un vide quantique

– **Les ténèbres** : siège de l'énergie noire, énergie sombre, énergie du vide. Si on enlevait tous les astres de l'Univers, il ne resterait qu'un espace ténébreux contenant l'énergie du vide.

– **Surface de l'abîme** : contours du trou noir, zone d'entrée d'accrétion de la matière.

– **Abîme** : trou noir ou première déformation du tissu de l'espace-temps ; lieu de concentration des premières particules originelles.

– **L'esprit de Dieu ou un vent de Dieu** : Force Première Universelle. Énergie de la matière et sur la matière, connu scientifiquement après le Big-bang sous le nom de super-force.

– **Eaux :** matières originelles au départ, ensemble des particules et matières d'avant Big-bang qui évoluera en matières d'après Big-bang.

– **Lumières** : chaleur, feux, rayonnements.

La combinaison de ces sept ensembles a abouti au Big-bang ou à la séparation des eaux d'avec les eaux comme nous pouvons le lire :

*Ge 1 : **6** Dieu dit : Qu'il y ait une étendue entre les eaux, et qu'elle sépare les eaux d'avec les eaux. **7** Et Dieu fit l'étendue, et il sépara les eaux qui sont au-dessous de l'étendue d'avec les eaux qui sont au-dessus de l'étendue. Et cela fut ainsi. **8** Dieu appela l'étendue ciel. Ainsi, il y eut un soir, et il y eut un matin : ce fut le second jour.*

Nous pouvons schématiser tout ce que nous avons dit à propos de l'avant Big-bang de la manière suivante

Ge 1 : **2** *La terre était informe et vide : il y avait des ténèbres à la*
surface de l'abîme, et l'esprit de Dieu se mouvait au-dessus des eaux.
3 *Dieu dit : que la lumière soit ! Et la lumière fut.* **6** *Dieu dit : qu'il*
y ait une étendue entre les eaux, et qu'elle sépare les eaux d'avec les
eaux. **7** *Et Dieu fit l'étendue, et il sépara les eaux qui sont au-dessous*
de l'étendue d'avec les eaux qui sont au-dessus de l'étendue. Et cela
fut ainsi. 9 Dieu dit : que les eaux qui sont au-dessous du ciel se
rassemblent en un seul lieu, et que le sec paraisse. Et cela fut ainsi.
10 Dieu appela le sec terre, et il appela l'amas des eaux mers. 14
Dieu dit : Qu'il y ait des luminaires dans l'étendue du ciel, pour
séparer le jour d'avec la nuit ; que ce soient des signes pour marquer
les époques, les jours et les années.

La compréhension de la cosmologie selon le schéma de la création biblique que les savants ont négligée, croyant avoir affaire à un acte de foi, devient désormais le but à atteindre pour avoir la vraie connaissance sur l'Univers.

Si j'ai beaucoup parlé sur le vide et qu'il fait, jusqu'à ce jour, l'objet de mes recherches, en lisant des livres qui rendent fou, c'est parce que c'est une question qui m'a toujours intrigué, à savoir comment du vide on est abouti au réel selon les processus et non spirituel.

Le point commun entre les théories pré-Big-bang scientifiques et le Modèle Cosmologique Universel est que l'Univers est issu d'un abîme selon la Bible et d'un trou noir selon ces savants. À part ce point commun, notre compréhension sur l'avant Big-bang est différente, mais aboutit au même résultat. Pour la Bible, au départ, il y avait un vide. Mais pour eux, ils ne savent où le vide a commencé, car ils ignorent le *Principe de la création* du Rév. Dr. Sun Myung Moon.

Chapitre IV :
Le Big-bang

***Ge 1 : 6** Dieu dit : Qu'il y ait une étendue entre les eaux, et qu'elle sépare les eaux d'avec les eaux. 7 Et Dieu fit l'étendue, et il sépara les eaux qui sont au-dessous de l'étendue d'avec les eaux qui sont au-dessus de l'étendue. Et cela fut ainsi. **8** Dieu appela l'étendue ciel. Ainsi, il y eut un soir, et il y eut un matin : ce fut le second jour.*

En voici une illustration selon la science de ce qui s'est passé de Big-bang à nos jours :

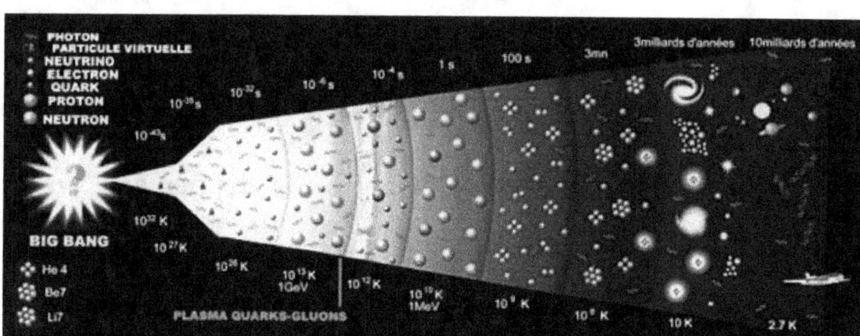

astropolis.fr/articles/histoire-de-univers/l'instant-zero-ou-singula rite-initial

Le Big-bang, que nous avons aussi largement expliqué aux précédents Tomes de la collection des livres « Les Versets des Savants », représente l'instant zéro où l'Univers, fortement condensé avec une matière qualifiée des eaux par Moïse, a explosé. Actuellement en science, on ne parle plus de l'explosion mais de l'expansion.

Dans le schéma de la création biblique, cela est représenté par la phrase « la séparation des eaux d'avec les eaux » (Ge 1 :6) créant l'étendue, démontrant qu'il y avait quelque chose d'homogène qualifié des eaux par la Bible et qui s'est séparé. Les eaux du dessous servant à la création des choses spatiales non brillantes, y compris la terre, et les eaux du dessus servant à la création des luminaires, c'est-à-dire tous ceux qui émettent la lumière.

Dans le Modèle Cosmologique Universel, qui est la restitution scientifique du schéma de la création biblique, le Big-bang, dont la science en a fait, jusque-là, le commencement de l'Univers, ne fut qu'un passage d'un Univers en compression, mais dont l'éclosion ou l'expansion a déversé les matières résultantes.

Etant donné la large publication dans ces domaines par les astrophysiciens, dont nous approuvons les idées, nous ne voulons plus revenir sur ces notions après en avoir longuement parlé au Tome I. La plus grande découverte pour moi et la grande révélation pour tout le monde, qui va d'ailleurs corriger non seulement les livres scientifiques, mais des publications théologiques aussi basées sur les commentaires bibliques, c'est d'apprendre que le Big-bang est biblique. Est-ce que cela confirme que c'est Dieu qui est le créateur du cosmos ? À chacun de tirer sa conclusion après méditation ; car ce livre ne vient rien imposer par la foi.

Dans ce livre nous réservons notre développement sur le Big-bang en répondant, à la fin, aux questions des internautes. Toutefois, le Big-bang a aussi créé des énigmes non encore résolues jusque-là, notamment la question de la matière noire, de l'énergie noire et la force qui l'a activée.

En tant que créateur d'un Modèle au moment où la science a déjà pris un grand essor, j'ai frôlé sur l'origine de la matière noire au Tome I et j'ai parlé de la manifestation de l'énergie noire, toujours dans la deuxième partie du même livre, en développant les pensées du philosophe grec Empédocle (v. 493-433 av. J.-C.), disciple de Pythagore et d'Héraclite.

Concernant la troisième énigme, à savoir la force qui a activé le Big-bang, la science parle de la désolidarisation des quatre forces fondamentales. Nous avons aussi ajouté notre point de vue dans les deux premiers Tomes de la collection des livres « Les Versets des Savants », dont nous introduisons ici quelques commentaires pour que ceux qui lisent ce livre puisse avoir une vision quasi complète de l'Univers.

Section 1
La force d'activation du Big-bang

Nous avons parlé de l'interprétation biblique et philosophique de la force d'activation du Big-bang au Tome I et de l'interprétation scientifique au Tome II. Vu que ce tome est lu par ceux qui veulent seulement comprendre l'univers d'une manière générale, nous mettons seulement l'interprétation biblique et philosophique de la force qui a activé le Big-bang et laissons aux savants d'aller s'inspirer au Tome II sur l'interprétation scientifique.

Les trois interprétations; biblique, philosophique et scientifique permet de trouver la réponse à cette préoccupation de Capucine Casati qui a conclu un article par ces termes :

« *Quelle source peut fournir la quantité d'énergie – appelée énergie noire – nécessaire à une accélération? C'est là qu'interviennent les théories les plus originales. Aucune, à l'heure actuelle, ne prévaut* ».

(Cfr : magazine ciel et espace, Août 2005, qu'est-ce que l'expansion de l'Univers? par Capucine Casati).

1.1. Interprétations biblique et philosophique

(Extrait tiré du Tome I et révisé)

Je ne sais pas si le philosophe Empédocle qui vécut au Ve siècle avant J-C, connaissait l'histoire de la création telle que racontée par Moïse qui a vécu dix siècles avant lui. Et pourtant, ce sont ces écrits d'Empédocle qui me permettent aujourd'hui de comprendre l'énigme scientifique sur l'énergie qui a fait étendre l'Univers par le phénomène dénommé Big-bang.

Pendant sept ans, j'avais des maux de tête car je n'arrivais pas à assimiler mes propres propos disant que c'est de l'action des ténèbres (énergie noire) avec l'esprit (un vent) de Dieu sur les eaux, qu'on a abouti au Big-bang. Ces deux énergies étant présentes avant le Big-bang, ce qui m'embêtait c'était la façon dont elles ont agi. Il en est de même aussi pour le Yin et le Yang. Mais le développement de la pensée d'Empédocle m'a aidé à comprendre comment les événements se sont déroulés.

Pour Empédocle, ou le modèle cosmologique antique occidentale, nous lisons ceci :

« *À l'origine, tous les éléments, unis par l'Amour, formaient une masse homogène appelée le sphérus. La Discorde y pénètre et sépare les éléments les uns des autres* ».
(www.WIKIPEDIA : Empédocle).

Dans la Bible nous lisons :

« *La terre était informe et vide ; il y avait des ténèbres à la surface de l'abîme, et l'Esprit de Dieu se mouvait au-dessus des eaux. Dieu dit : Que la lumière soit ! Et la lumière fut. Dieu vit que la lumière était bonne ; et Dieu sépara la lumière d'avec les ténèbres. Dieu appela la lumière jour, et il appela les ténèbres nuit. Ainsi, il y eut un soir, et il y eut un matin : ce fut le premier jour. Dieu dit : Qu'il y ait une étendue entre les eaux, et qu'elle sépare les eaux d'avec les eaux* ». *(Ge 1 :1-6)*

Toujours en rapport avec ces citations, pour la science, l'Univers s'est retrouvé condensé à l'extrême avant de connaître une expansion exponentielle appelée Big-bang. Toutefois, l'énergie à la base de cette expansion, selon la science, reste un mystère. Selon la mécanique quantique dont l'hypothèse est majoritairement acceptée, après le Big-bang, c'est la gravité qui s'est désolidarisée dans la supergravité et cela a provoqué l'expansion.

En revenant sur nos citations, l'explication d'Empédocle, inspiré par Dieu, me permet de comprendre tous les modèles et la force primordiale qui était à l'œuvre à l'origine de l'Univers. Elle peut se résumer ainsi : l'unification des éléments, ou la condensation de l'Univers, s'est faite par une seule force appelée Amour dans le Modèle Occidental, le Yang dans les modèles Orientaux, un vent de Dieu dans la Bible.

Pour Empédocle, la discorde, représentée par les ténèbres bibliques, quoique présente et latente, n'est intervenue que quand le spherus, ou les eaux bibliques, ou l'Univers condensé, a formé une masse homogène. C'est prouvé par la température uniforme du rayonnement fossile. Cette masse homogène, ou Univers condensé selon la science et eaux selon la Bible, s'est retrouvée condensée par la force de l'amour selon Empédocle, par l'esprit de Dieu selon la Bible, par le Yang selon la philosophie orientale et s'est chauffée à l'extrême. À cette étape, la discorde selon Empédocle, les ténèbres selon la Bible, l'énergie noire selon la science, n'agissait pas encore car tout était régi par une décélération qualifié par le Modèle Cosmologique Universel de déflation cosmique.

1.1.1. L'apparition du rayonnement fossile

Mais qu'est-ce qui a fait que ces éléments perdent leur force pour que la discorde y entre selon Empédocle, que la gravité se désolidarise selon la science et que les ténèbres se mettent en action selon la Bible et qu'il y ait Big-bang et inflation ? Il s'est passé effectivement un événement majeur que la Bible est la seule à décrire et que nous restituons d'une manière scientifique à travers les paragraphes qui suivent.

Au cours de sa condensation par l'amour, ou l'esprit de Dieu, ou la Force Première Universelle, l'Univers a émis son premier rayonnement qualifié dans la Bible par la phrase : *« Dieu dit : Que la lumière soit ! Et la lumière fut »*. C'est pour dire que la chaleur avait atteint un certain degré phénoménal. C'est ainsi que l'astrophysicien B. Millikan, cité dans la conférence de David Elbaz « **À la recherche de l'Univers invisible** », en recherchant le rayonnement fossile, parlait plutôt de la recherche du « cri de Dieu » qui pour lui était la signature divine de la formation des atomes.

En plus, les termes « cri de Dieu » se justifient car ce fut la première parole de Dieu exprimée bibliquement à travers la phrase « Dieu dit : Que la lumière soit... » (Ge 1 : 3). Certes, si B. Millikan était encore vivant, il aurait seulement ouvert sa bouche par mon analyse, car lui-même a émis ce terme tout en ignorant le premier cri de Dieu dans la Bible.

C'est cette lumière émise dans l'Univers qui marqua, selon la volonté de Dieu pour nous les croyants, le compte à rebours qui permit à la Haine, ou aux ténèbres, ou à l'énergie noire, de s'activer dans le spherus, ou dans les eaux bibliques, ou dans l'Univers condensé, pour l'étendre de nouveau par un phénomène qualifié bibliquement de la séparation des eaux d'avec les eaux et du Big-bang selon la science.

En quoi tirons-nous cette conclusion ? À l'émergence de cette lumière, la Bible dit « *et Dieu sépara la lumière d'avec les ténèbres* ». C'est ce rayonnement que la science doit étudier davantage, qui est venu activer la discorde, ou les ténèbres, ou l'énergie noire, à agir dans un Univers condensé et à assurer son expansion et ce, jusqu'à ce jour. D'où leur nom biblique : *« Dieu appela la lumière jour, et il appela les ténèbres nuit »* pour démontrer désormais leur éternité. Ainsi, nous pouvons dire par là que le rayonnement fossile est apparu avant le Big-bang avant d'être confiné dans l'Univers condensé et est réapparu après le Big-bang.

1.1.2. Rôle de l'énergie noire

1.1.2.1. De l'avant Big-bang à l'après Big-bang

Quel rôle l'énergie noire a-t-elle joué avant le Big-bang, lors du Big-bang et après le Big-bang ?

Nos recherches nous ont montré que la cosmologie actuelle n'a encore rien dit concernant la source de l'énergie noire, sinon que pour la science toutes les énergies ont pris naissance dans le Big-bang. Tout ce que les astrophysiciens savent avec exactitude est qu'il s'agit d'une forme de l'énergie associée au vide de l'espace, ayant une pression négative dans des régions dépourvues de matières.

L'intelligence humaine étant complémentaire, je fus le premier à découvrir que c'est Moïse, à travers la Bible, et Empédocle, philosophe grec du Ve siècle av. J.-C., qui ont été les premiers découvrir que l'énergie noire est une force d'avant Big-bang, et je pourrais même ajouter, qui a contribué au Big-bang, n'ayant pas supporté le confinement.

D'après Empédocle, quand l'Univers s'est condensé sous l'impulsion de l'amour, ou de l'esprit (un vent) de Dieu selon la

Bible, formant une masse appelée « Sphérus », ou les « eaux » selon la Bible ; l'énergie noire, ou la haine, ou les ténèbres, était déjà là selon la phrase biblique « *Il y avait les ténèbres dans la surface de l'abîme* ». Cette contraction de la matière originelle par la super-force selon la science, ou un vent de Dieu, ou l'amour selon Empédocle, a chauffé les éléments originels jusqu'à faire jaillir la première lumière d'avant Big-bang selon la Bible.

Après, la haine selon Empédocle, ou les ténèbres, ou l'énergie noire, a entrainé la discorde, ou l'étendue selon la Bible, ou l'expansion selon la science. Et jusqu'à ce jour, cette expansion continue, selon la science, sous l'impulsion de la même énergie appelée différemment suivant les époques : ténèbres dans la Bible, haine dans l'Antiquité, par Empédocle, et énergie noire dans la science actuelle.

Cette philosophie ancienne rejoint aussi ce que certains scientifiques supposent mais n'osent pas l'annoncé clairement comme dans le commentaire ci-dessus :

« *Très tôt dans la chronologie cosmique – sans doute avant* 10^{-35} *s –, l'Univers aurait connu une fulgurante phase d'expansion, l'inflation, au cours de laquelle l'espace, poussé par quelque chose s'apparentant à l'actuelle énergie sombre, se serait dilaté d'un facteur gigantesque, disons de* 10^{100} ». *(Cfr : Ciel&Espace n°370, Mars 2001. Serge Jodra ; P.44)*

Donc, l'énergie noire, que Moïse a nommée ténèbres, comme première composante caractéristique du vide sans fin est encore en train de préoccuper aujourd'hui le monde scientifique. Avec la spéculation de grands hommes de science, confirmée dans le documentaire scientifique « **Nouvelle Théorie du Champ Unifié** (Explication de la Gravitation) » où on parle de l'énergie noire comme force primordiale de la création de l'Univers, nous voyons que de plus en plus cette notion commence à se rapprocher de la Bible sans que personne, avant mes découvertes, n'ait fait le rapprochement.

Quant aux propriétés physiques des ténèbres qui intéressent les astrophysiciens, je les renvoie au même documentaire auquel je me réfère.

Une autre explication scientifique pour comprendre l'énergie noire, nous la tirons de cette exposée :

« *On le sait, la force gravitationnelle agit comme un aimant vis-à-vis des objets constitués de matière. Il a fallu donc une autre force pour contrecarrer cette action. Une force qui, cette fois, n'attire pas mais repousse. Autrement dit, une force répulsive* ».

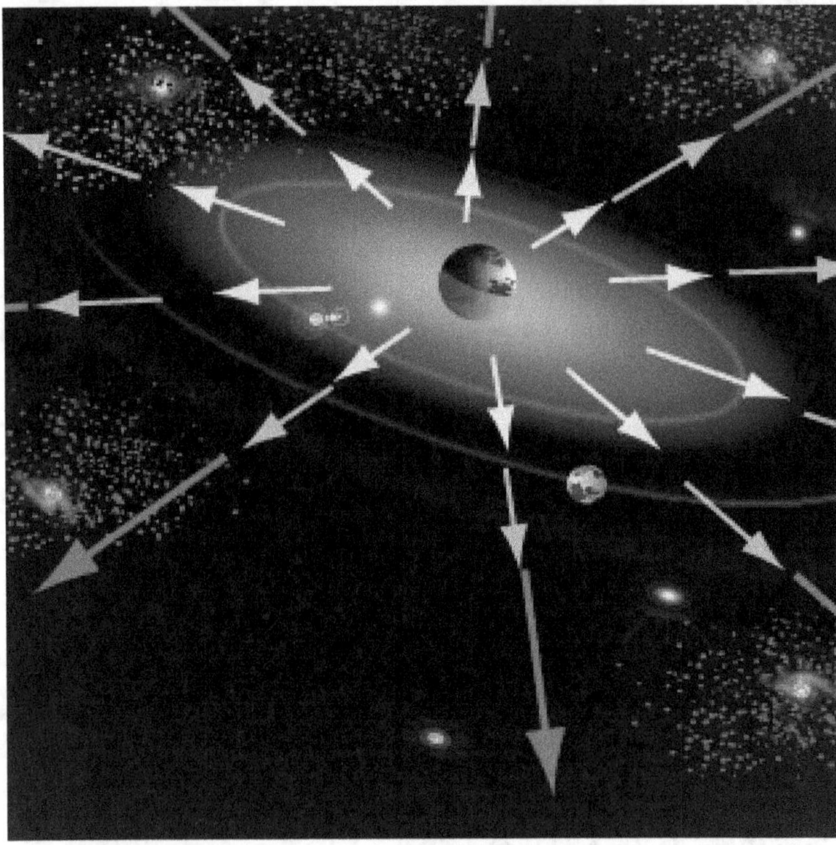

« *D'où provient cette force répulsive ? Si on en constate ces effets, en revanche les scientifiques ignorent tout de la composition de cette force qui contrecarre la gravitation. D'où son nom : l'énergie sombre ou encore énergie noire. On pense simplement qu'il s'agirait d'une énergie du vide et qu'elle agit de manière uniforme dans l'univers* ».

(Cfr :lestoutespremieresfois.com/1er-coup-daccelerateur-de-lexpansion-cosmique ; par Fabrice, *Actualisé le 8 mai 2014*).

Dans ces citations, la force gravitationnelle fait allusion à l'esprit de Dieu ou un vent de Dieu qui se mouvait sur la matière originelle qualifié des eaux. La matière est représentée dans la Bible par le mot « eaux ». La force répulsive, appelée l'énergie sombre, est représentée par les ténèbres ou l'énergie du vide. Elle fut déjà présente au tout début de l'Univers d'avant Big-bang et cela est affirmé par le verset biblique : « La terre était informe et **vide** ; il y avait des **ténèbres** à la surface de l'abîme, et **l'Esprit de Dieu** se **mouvait** au-dessus des **eaux** » (Ge 1 :2). Comme on le voit, tout ce que la science a découvert comme grand ensemble dans l'Univers se retrouve dans ce verset.

En effet, l'auteur du documentaire **[Nouvelle Théorie du Champ Unifié (Explication de la Gravitation)]** a parlé de beaucoup de choses intéressantes concernant l'énergie noire (les ténèbres) comme source de tout. Je ne peux pas reprendre tous ces propos dans ce livre pour ne pas entrer dans les polémiques scientifiques. Néanmoins, je vous invite tous à suivre ce documentaire avec beaucoup d'attention.

En conclusion, les ténèbres bibliques du début de l'Univers furent plus tard qualifiées de « nuit » regorgée d'énergie ; une énergie d'abord latente, puis devenue active, en contribuant à l'éclosion du Big-bang, jusqu'à ce jour. Nous avons décrit ce processus scientifique au Tome II.

Chapitre V :
L'après Big-bang

(Extrait tiré du Tome I et révisé)

L'après-Big-bang représente la période qui a suivi l'instant zéro du Big-bang ou de la « séparation des eaux par les eaux » selon les termes bibliques. Dans le schéma de la création biblique, cela commença à partir du troisième jour dont nous pouvons suivre les cheminements :

Ge 1 : 2 « *...l'Esprit de Dieu se mouvait au-dessus des eaux...* » *(Avant Big-bang)*

Ge 1 : 6 *Dieu dit : Qu'il y ait une étendue entre les eaux, et qu'elle sépare les eaux d'avec les eaux. (Big-bang)*

1) Ge 1 : 9 « *Des eaux du dessous (1), le sec (2)* (ou la terre) *apparut* » ; (commencement de la période d'après Big-bang).

Ge 1 : **13** Ainsi, il y eut un soir, et il y eut un matin : ce fut le troisième jour.

2) Ge 1 :14 « *Des eaux du dessus* (1), *il y eut formation des luminaires* (2) »

Ge 1 : 19 *Ainsi, il y eut un soir, et il y eut un matin : ce fut le quatrième jour.*

3) Ge 1 : **20** « Dieu *dit : Que les eaux produisent en abondance des animaux vivants, et que des oiseaux volent sur la terre vers l'étendue du ciel* ».

Ge 1 : **23** *Ainsi, il y eut un soir, et il y eut un matin : ce fut le cinquième jour.*

4) Ge 1 : **24** « *Dieu dit : Que la terre produise des animaux vivants selon leur espèce, ...*

Ge 1 : **27** *Dieu créa l'homme à son image, il le créa à l'image de Dieu, il créa l'homme et la femme*

Ge 1 : **31** *Dieu vit tout ce qu'il avait fait et voici, cela était très bon. Ainsi, il y eut un soir, et il y eut un matin : ce fut le sixième jour.*

Nous avons développé toutes ces périodes aux précédents de la collection des livres « Les Versets des Savants ».

Selon le Principe de la création, repris dans la physique de la création, les matières palpables qui ont suivi cet état ont commencé sur la terre par les minéraux, les plantes, les animaux et les hommes. Cela cadre avec le schéma biblique de la création. Certains, sauf les astrophysiciens, me diront que dans la Bible on parle de l'eau. Effectivement, l'eau c'est le dihydrogène et l'oxygène, comme nous pouvons le lire ; « En astrophysique, le terme métal désigne tout élément plus lourd que l'hydrogène ou l'hélium ». (Cfr : Revue La Recherche N° 551, P.34, 09/2019, édité à Paris, Une nouvelle source d'information sur le cosmos, S.G.). Ce sont les minéraux qui ont d'ailleurs commencé par former les premiers astres.

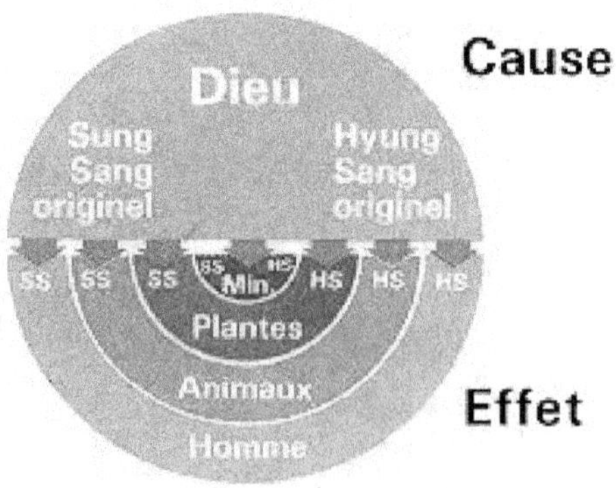

Source : Principe divin niveau 4, p18

Toutes les publications scientifiques en sciences naturelles, en anthropologie, etc., contribuent à enrichir l'après Big-bang et nous ne voyons pas ce que nous pouvons ajouter à part le fait de démontrer que la Bible, ou le schéma de la création biblique, ne s'écarte pas des résultats qui sont en train d'être découverts par la science. C'est à cela que nous allons nous atteler sur ce chapitre en y annexant quelques extraits du Tome I où nous avons abordé des points très importants qui faisaient que le schéma biblique de la création soit rejeté par la science à cause des récentes découvertes scientifiques.

Je sais que beaucoup s'attendent à ce que je leur dise comment les choses se sont passées du troisième jour biblique, qui a marqué le début de l'après Big-bang, jusqu'à la formation de l'homme, mais ils n'ont qu'à se reporter au Tome I.

Section 1
Les étapes de l'évolution de l'univers selon la Bible

1.1. Dieu dit, Dieu fit, Dieu créa et la brisure spontanée de symétrie

Par symétrie, avons-nous dit, on sous-entend une conservation de propriétés, une espèce de stabilité globale même au sein d'un mouvement. La rupture de symétrie suppose donc qu'un système où quelque chose qui se conservait cesse brutalement de le faire et donne lieu à un phénomène inattendu.

L'histoire de la création, pour la science, relève des brisures spontanées des symétries. Moïse, dans la Bible, les a divisées en six jours, qui font partie des six périodes de la création. Mais, au sein de chaque période, on retrouve des phénomènes inexpliqués. Par exemple, si nous prenons le premier jour, ou la période moins un dans la science (c'est-à-dire non encore reconnue), on peut se poser la question suivante :

Dans le verset « Dieu créa les cieux et la terre (univers) » ; comment le physique (la terre) apparut-il du spirituel ? Pour la science, il y a eu une brisure de symétrie quelque part. La symétrie, c'était un ciel stable, qui se conservait. Et du coup, une partie de sphère des cieux, remplie par les particules spirituelles, se transforma d'une manière inexpliquée en particules et antiparticules physiques dans « une terre informe et vide ».

Donc, une rupture de symétrie sous-entend un changement brutal des lois ; une transition, diraient les physiciens, une révolution pour tous ceux qui étudient le changement social. Pour la science, bien d'autres propriétés de la matière, toutes en fait, sont nées au sein de telles transitions qui marquent l'histoire de l'Univers.

Tout ceci est pour dire que les scientifiques sont conscients des phénomènes miraculeux « Dieu dit, Dieu fit, Dieu créa » en constatant des phénomènes avec des chainons manquants dans l'Univers. Ils ont remplacé cela par la qualificative « brisure de symétrie » qui signifie le passage brutal, voire spontané, par un état dans lequel apparaît un nouveau paramètre différent de ce qui devrait précéder.

Cela est confirmé par la citation ci-dessous :

"Les découvertes en physique au cours des dernières décennies nous ont conduits à accorder une grande importance au concept de symétrie brisée. L'évolution de l'univers depuis sa naissance est envisagée comme une succession de brisures de symétries. Lorsqu'il surgit du Big Bang, l'univers est symétrique et sans structure. Au fur et à mesure qu'il refroidit, il brise une symétrie après l'autre, et autorise ainsi l'apparition d'une structure de plus en plus différenciée. Le phénomène de la vie lui-même prend naturellement sa place dans ce tableau. La vie aussi est une brisure de symétrie."

(Cfr : *F. J. Dyson, Infinite in all Directions, Harper and Row, 1988).*

En ce qui concerne la création, jusque-là les savants ont constaté les phénomènes discontinus, cédant la place à d'autres phénomènes. Mais ils n'ont pas encore trouvé d'effet causal. Dans le schéma de la création biblique, la brisure spontanée de symétrie a eu lieu dans les endroits où Moïse a dit « Dieu dit, Dit fit ou Dieu créa ».

Si la science elle-même n'arrive pas à trouver des réponses sur ces phénomènes, en son temps, Moïse l'aurait attribué à qui en tant que prophète et savant ? À Dieu bien sûr. Mais les savants préfèrent dire le hasard de la nature. Ils se moquent des croyants quand ces derniers parlent de « Dieu dit, Dieu fit, Dieu créa », mais ils veulent que ces derniers les croient en parlant de la brisure spontanée des symétries.

Pour un exemple plus précis de la brisure de symétrie dans le règne animal, c'est l'homme et le singe. En effet, le singe est souvent considéré scientifiquement comme étant l'ancêtre de l'homme. Or, ce qu'on constate est qu'il y a eu une brisure de symétrie qui a fait qu'on est passé de la forme de singe à un être avec une forme qui lui permet de faire tout ce qui lui passe par la tête.

Bibliquement, après la création des animaux, Dieu a mis une pause. Pour enfin dire : « créons l'homme à notre image ». On voit directement que ce qui va être créé ou formé de nouveau sera différent du précédent. Entre le précédent et ce qui suit, les analyses scientifiques ont révélé qu'il y a une brisure de symétrie, car on ne retrouve nulle part le chainon manquant. Cette brisure de symétrie est qualifiée parfois, en biologie, d'accidents mutationnels des gênes.

1.2 Le schéma de la création biblique

Ge 1 : 2 « *...l'Esprit de Dieu se mouvait au-dessus des eaux...* » ***(Avant Big-bang)***

Ge 1 : 6 *Dieu dit : Qu'il y ait une étendue entre les eaux, et qu'elle sépare les eaux d'avec les eaux* . ***(Big-bang)***

Ge 1 :9 « *Des eaux du dessous (1), le sec (2)* (ou la terre) *apparut* » ; (commencement de la **période d'après Big-bang**).
Ge 1 : **13** Ainsi, il y eut un soir, et il y eut un matin : ce fut le troisième jour.

Nous avons déjà expliqué que la locution « **Dieu dit** » est pour démontrer que cela faisait partie de sa volonté. Mais l'évolution a suivi un schéma scientifique caractérisé par ce que la science appelle les brisures de symétrie.
Tous ces phénomènes, ou évolutions, se déroulent sur les mêmes matières originelles qualifiées, à défaut, des « eaux » selon la Bible, que ça soit dans l'avant Big-bang, lors du Big-bang et dans l'après Big-bang.

1.2.1 Tableau illustratif sur la cosmologie biblique et scientifique

PÉRIODES BIBLIQUES	VERSETS	CRÉATION	MOTSCLÉS	SCIENCE
ESPACE-TEMPS	Ge 1 :1	*Au commencement, Dieu créa les cieux et la terre.*	-Cieux (Monde spirituel), -terre (Monde physique)	Avant Big-bang
1ER JOUR	Ge 1 :2-3	*2 La terre était informe et vide ; il y avait des ténèbres à la surface de l'abîme, et l'Esprit de Dieu se mouvait au-dessus des eaux. 3 Dieu dit : « Que la lumière soit ! Et la lumière fut. »*	-Vide - Ténèbres - Abîmes -Esprit de Dieu -Eaux - Lumières	
2eJOUR	Ge 1 :6	*Dieu dit « Qu'il y ait une étendue entre les eaux, et qu'elle sépare les eaux des eaux. »*	-Etendue -Séparation des eaux	-BIG-BANG
3e JOUR	Ge 1 :9-11	*9 Dieu dit : « Que les eaux qui sont au-dessous du ciel se rassemblent en un seul lieu, et que le sec paraisse. Et cela fut ainsi.10 Dieu appela le sec terre, et il appela l'amas des eaux mers. ». 11Puis Dieu dit : « Que la terre produise de la verdure. »*	-Mers - Terre - Herbes (Molécules de vie)	- Formation des éléments jusqu'aux galaxies (astres, luminaires et planètes)

4e JOUR	Ge 1 :14	*14Dieu dit: « Qu'il y ait des luminaires dans l'étendue du ciel, pour séparer le jour d'avec la nuit ; que ce soient des signes pour marquer les époques, les jours et les années; »*	-luminaires (Etoiles)	
5e JOUR	Ge 1 :20 Ge 2 : 5-6	*20 Dieu dit : « Que les eaux produisent en abondance des animaux vivants, et que des oiseaux volent sur la terre vers l'étendue du ciel. »*	- êtres marins (Végétaux) - oiseaux	-êtres marins (végétaux, bactéries, Poissons) - êtres volants
6e JOUR	Ge 1 :24-27 Ge 2 :7 Ge 2 :19 Ge 2 :21-22	*24 Dieu dit : « Que la terre produise des animaux vivants selon leur espèce, du bétail, des reptiles et des animaux terrestres, selon leur espèce. »26 Puis Dieu dit : « Faisons l'homme à notre image, 27 Dieu créa l'homme à son image, il le créa à l'image de Dieu, il créa l'homme et la femme. »*	- Animaux terrestre - Homme	- Animaux terrestre - Homme

1.2.2. Conception du mot « terre » dans la bible avant et après le Big-bang

Nous avons dit qu'avant le Big-bang, le mot « terre » était utilisé dans la Bible pour désigner l'univers et cela à travers le verset « la terre était informe et vide » (Ge 1 : 2). Et nous avons dit que quelque chose qui n'a pas de forme et qui est vide, c'est comme un néant ce qui n'était autre que l'univers à son début. C'est dans ce vide que se déroulaient plusieurs phénomènes qu'on nous enseigne dans la mécanique quantique faisant partie de la physique de la création.

Pour le Modèle Cosmologique Universel, l'univers a commencé dans un vide jusqu'à ce que la déflation cosmique ait condensé toute l'énergie en un point. Puis, il y eut Big-bang, suivi de l'inflation cosmique.

À cause de l'inflation cosmique et de la chaleur extrême ayant régné juste après le Big-bang, les différentes lois et théories de la mécanique quantique ne peuvent s'appliquer, selon le Modèle Cosmologique Universel. Pour le Modèle Cosmologique Universel, ces différentes lois et théories ne peuvent trouver leur application que dans un univers vide. Par conséquent, même si leurs auteurs, ou créateurs, ne sont pas d'accord, plusieurs lois et théories de la mécanique quantique concernent l'avant Big-bang, surtout celles qui sont liées à l'apparition des particules réelles à partir du vide, c'est-à-dire du moment où la Bible a parlé d'une terre informe et vide (Ge 1 :2).

En effet, au départ, l'inflation cosmique était caractérisée par une force répulsive des particules, ce qui a eu pour conséquence l'expansion de l'Univers, avant que cette dernière se refroidisse et que les quarks s'assemblent pour former les premiers éléments, selon la conception scientifique actuelle.

C'est pour cela que les lois et théories de la mécanique quantique ne collent pas avec la théorie de la relativité générale qui explique l'Univers après le Big-bang. Toutefois, la théorie des cordes qui est physiquement proche du schéma de la création biblique tente de les unir, mais n'y parviendra que si elle s'insère dans le Modèle Cosmologique Universel.

Dans l'après-Big-bang, selon la Bible, on nous parle encore de la terre, pas comme informe et vide (Ge 1 :2), mais comme une masse sèche, « *Dieu appela le sec terre, et il appela l'amas des eaux mers* » (Ge 1 : 10). Ici, nous voyons que le matériel a fait place aux immatériels et nous sommes dans la période de l'après Big-bang. Lisons :

Ge 1 :2 La ***terre était informe et vide :*** *il y avait des ténèbres à la surface de l'abîme, et l'esprit de Dieu se mouvait au-dessus des* ***eaux. (Avant Big-bang).***

Ge 1 :6 Dieu dit : qu'il y ait une ***étendue*** *entre les eaux, et qu'elle sépare les eaux d'avec les eaux. 7Et Dieu fit l'étendue, et il sépara les eaux qui sont au-dessous de l'étendue d'avec les eaux qui sont au-dessus de l'étendue* ***(le Big-bang****).*

Ge 1 : 9 Dieu dit : Que les eaux qui sont au-dessous du Ciel se rassemblent en un seul lieu, et que le ***sec*** *paraisse. Et cela fut ainsi.* ***(Après Big-bang).*** *10 Dieu* ***appela le sec terre****, et il appela l'amas des eaux mers. Dieu vit que cela était bon.*

Les mots-clés ici sont les eaux en un seul bloc, la séparation (étendue et expansion) des eaux en deux blocs, la formation de la terre à partir des eaux qui se trouvent au-dessous de l'étendue.

Pourquoi, après le Big-bang, Moïse parla directement de la planète terre ? Parce que c'est la seule qui pouvait intéresser ses contemporains. Les autres galaxies se présentaient comme des étoiles et ont été désignées sous le nom des luminaires (Ge 1 : 14)

1.2.3. Parallélisme cosmologique entre la bible et la science

SELON LA BIBLE			SELON LA SCIENCE (COMPILATIONS)		
CYCLE	JOUR	CRÉATION	CYCLE	ÈRE	APPARITION
Avant Big-bang Ge 1 :2	1er	— ténèbres (énergie noire — abimes (trou noir) — Esprit de Dieu (énergies) — eaux (particules originelles) — lumière (feux, chaleur, rayonnements)	Avant le Big-bang	— aporie	Zone d'ombre pour la science. Aucun scientifique n'ose émettre un point de vue de peur d'être ridiculisé un jour. Mais, plusieurs suppositions commencent à s'avérer exacte avec Ge 1 :2 dont la théorie des cordes et les autres qui prédisent l'Avant big-bang.
Big-bang Ge 1 :6	2e	— Séparation des eaux avec les eaux	1er	15.000.000.000 ans	Big-bang (explosion ou expansion de l'univers) suivi de la formation des éléments.
Après Big-bang	3e	Univers matériel : poussières, planétésimaux, gaz,	2e	- 14.999.700.000	Formations d'atomes d'hélium,

Ge 1 :9		molécules de vie		ans à - 14.900.000.000 ans	atomes d'hydrogène, nuages froids de gaz cosmique, galaxies
Ge 1 :14	4e	formation des étoiles et des planètes	3e	- 10.000.000.000 ans	formation des étoiles et des planètes
Ge 2 :5 Ge 1 :20	5e	Premières plantes Animaux marins et volants	4e — paléozoïque	- 4.100.000.000 ans à - 400.000.000 ans	-1re chaîne de nucléotides, - océans peu profonds, composés à base de carbone, -premières cellules bactériennes, ADN, -développement complet des bactéries, le taux d'oxygène dans l'atmosphère atteint son niveau actuel : 21 % - premières plantes *(Paléozoïque)* -premiers animaux terrestres (insectes, amphibiens)

Ge 1 :24	6e	Mammifères et l'homme	5e mésozoïque-Jurassique	- 200.000.000 ans à -4.000.000 :	-reptiles volants, 1èr mammifères *(Mésozoïque)* - plantes à fleurs, premiers primates *(Jurassique)* -1er homme (australopithè que)

Sources : compilations

Section 2
Les molécules de vie

2.1. Contraste chronologique entre la 3 ^{e} ère biblique et la 2 ^{e} ère scientifique

Comme dit précédemment, dans ce qui est consacré à l'après Big-bang, nous n'abordons que les points qui faisaient que les scientifiques rejetaient la Bible. Après avoir expliqué la différence du mot « terre » au début de l'Univers (Ge 1 :1-2) et au 3e jour de la création, beaucoup de scientifiques soulèvent les contrastes qu'il y a entre la 3e ère biblique, appelée 3e jour, et la 2^{e}èrescientifique. Ils évoquent ce point pour dire que le schéma biblique de la création n'est pas réel, car comment la vie végétale a pu apparaître avant les luminaires.

En effet, dans le tableau ci-dessus, il y a une divergence entre le 3e jour de la création et le 2e cycle de la science en ce qui concerne la formation de la terre et l'apparition des plantes avant la photosynthèse, mais cela relève du malentendu.

Lisons d'abord ce verset :

Ge1 :12-13« *La terre produisit de la verdure, de l'herbe portant de la semence selon son espèce, et des arbres donnant du fruit et ayant en eux leur semence selon leur espèce. Dieu vit que cela était bon. Ainsi, il y eut un soir, et il y eut un matin : ce fut le troisième jour* ».

Nous avons dit que Moïse parlait de l'étape initiale et de l'étape finale (puis il y eut un soir et il y eut un matin). Du fait qu'après le Big-bang les galaxies ont commencé à se former (comme en atteste la science à la seconde étape), la terre, étant un élément galactique, était déjà inclus selon le but que Dieu poursuivait.

Le fait de décrire à cette étape-là la germination des plantes, cela faisait allusion à la formation des molécules de vie à cette étape primitive de l'histoire de l'Univers. Cela veut dire que les mêmes molécules peuvent aussi se retrouver dans d'autres astres, mais en étant statique, alors que ceux de la planète terre en porteront les fruits. C'est ainsi qu'aujourd'hui, l'existence des éléments organiques dans certains astres commence à compliquer certaines théories des exobiologistes, notamment des éléments qui sont aujourd'hui à la base de la composition des êtres vivants.

Comme nous l'avons dit, Moïse avait déjà désigné ces éléments au troisième jour de la création par des molécules qu'il a décrites comme des plantes en Ge 1 : 11-12, alors qu'on était encore dans l'étape primitive de la création. Même dans les Modèles Antiques Orientaux –dont nous avons parlé au Tome I, on a désigné ces éléments comme bois. Mais le règne végétal, tout comme tous les règnes vivants, a commencé à apparaitre à partir du cinquième jour de la création.

Nous avons dit au début que si le chapitre premier de la Genèse est beaucoup religieux, où Moïse attribue toute la création à Dieu, le chapitre deux, par contre, nous fait entrer dans la cosmologie scientifique. Et dans ce chapitre on voit clairement que les végétaux sont apparus à la cinquième étape, rejoignant ainsi la science comme nous pouvons le lire :

Ge 2 :5 « *Lorsque l'Éternel Dieu fit la terre et les cieux, aucun arbuste des champs n'était encore sur la terre, et aucune herbe des champs ne germait encore : Car l'Eternel Dieu n'avait pas fait pleuvoir sur la terre, et il n'y avait point d'homme pour cultiver le sol* ».

2.2. L'apparition des molécules de vie

Dans le documentaire scientifique « **Les origines de la terre** » ; on nous dit qu'aux origines de la terre, la croûte terrestre était déjà porteuse de vie alors qu'elle subissait encore toute sorte de bombardements. Avant même que la lune se sépare de la terre, selon le même documentaire, il y avait déjà les molécules de la vie. D'où la projection que fit Moïse en parlant de la terre. C'est un documentaire que je recommande aux savants qui évoquent aussi comme mystère l'origine de l'eau pour laquelle nous avons offert nos éclaircissements au Tome I.

Un autre commentaire nous vient de cette étude des scientifiques :

« *L'eau est apparue sur Terre il y a 4,35 milliards d'années. Ce résultat de chercheurs de la NASA se fonde sur l'analyse de cristaux de zircon, extraits d'une roche de Jack Hills, en Australie... Ainsi, une condition de vie indispensable à l'apparition de la vie existait déjà voici seulement 200 millions d'années après la formation de la Terre* ». (Cfr : Ciel&Espace Aout 2005 ; De l'eau liquide très tôt sur terre, p.26)

En effet, dans la Bible, en parlant de la création de la terre au troisième jour, avons-nous dit, Moïse parle aussi de l'apparition des plantes, alors que selon la science, les végétaux sont apparus à une époque correspondant au 5e jour biblique. Nous avons dit que c'était des molécules vectrices de la vie dans cette planète, comme nous pouvons le lire :

Ge 1 :**9** « *Dieu dit : Que les eaux qui sont au-dessous du Ciel se rassemblent en un seul lieu, et que le sec paraisse. Et cela fut ainsi.* ***10*** *Dieu appela le sec terre, et il appela l'amas des eaux mers. Dieu vit que cela était bon.* ***11*** *Puis Dieu dit : Que la terre produise de la verdure, de l'herbe portant de la semence, des arbres fruitiers donnant du fruit selon leur espèce et ayant en eux leur semence sur la terre. Et cela fut ainsi...* ***13*** *Ainsi, il y eut un soir, et il y eut un matin : ce fut le troisième jour.* »

Effectivement, ces versets semblent être en contradiction avec la science en ce qui concerne l'apparition des végétaux au 2e cycle cosmologique ou 3e jour selon la Bible. En allant au chapitre 2 de la Genèse ; Moïse parla de l'apparition des végétaux au 5e jour, ce qui correspond avec la science. Y a-t-il une contradiction entre ces deux versets ? Nullement, aujourd'hui, même les savants savent que dans les supernovæ qui survinrent à la fin de la vie des étoiles, il y a la libération des atomes qui se sont formés à l'intérieur, dont les molécules de vie.

C'est ainsi que Moïse, sachant déjà la finalité de ce qu'adviendra l'amas visqueux qui deviendra la terre, parle des plantes au troisième jour, qui n'étaient autres que des molécules qui vont évoluer pour former la vie, et cette dernière a commencé par un être sous-marin, baptisé LUCA par les biologistes, qui dans son évolution s'est subdivisé en bactéries, eucaryotes et archées. C'est l'eucaryote, (LECA, Last Eukaryotic Commun Ancestor) qui est considéré par les biologistes comme étant notre dernier ancêtre commun, à commencer par une flore sous-marine en passant par les végétaux, les champignons jusqu'aux animaux.

(Cfr : Les défis de la science : l'origine de la vie, édité par RBA coleccionables, S.A.U. 2018, Barcelone, Pp.105-124).

Moïse dans ce verset, dévoile déjà le plan de Dieu pour la planète Terre. Pour ce qui est de la formation des plantes à proprement parler, cela se fit au cinquième jour comme mentionné au deuxième chapitre de la Genèse.

Ce qui confirme l'idée que les molécules porteuses de vie étaient déjà présentes pendant la période des collisions galactiques, c'est la découverte des molécules organiques dans les comètes et certaines planètes.

Si dans certaines planètes, comètes ou astres, ces matières sont demeurées statiques, sur la terre, il y a eu évolution jusqu'à la vie et cela, nous l'avons dit, tout comme les scientifiques, à cause de la position privilégiée qu'occupe la terre par rapport aux autres astres et des conditions dont certaines ne sont pas encore découvertes.

Lisons pour cela les commentaires tirés de l'internet sur les molécules organiques de la comète 67P/Churyumov-Gerasimenko après analyse des données de Philae par les chercheurs du CNRS de France, publié dans l'édition du 31 juillet 2015 dans la revue Science :

« Les matériaux des comètes ayant été très peu modifiés depuis leurs origines, cela signifie qu'aux premiers temps du Système solaire, les composés organiques étaient déjà agglomérés sous forme de grains et pas uniquement comme de petites molécules piégées dans la glace comme on le pensait jusqu'à présent. Ce sont de tels grains qui, introduits dans des océans planétaires, auraient pu y favoriser l'émergence du vivant ».

Voilà une idée scientifique qui rejoint nos propos

Jusque-là, l'émergence de cette vie ne se retrouve que sur la planète terre, même si actuellement on commence à spéculer sur certains astres.

Ce que nous devrons retenir dans cette section, c'est qu'après le Big-bang il y a eu aussi la formation des éléments organiques dans les premiers regroupements de la matière. C'est ce qui fait qu'on peut les retrouver partout.

2.3. Processus de l'apparition des molécules de vie

Ce que nous pouvons ajouter est déjà résumé dans ce tableau :

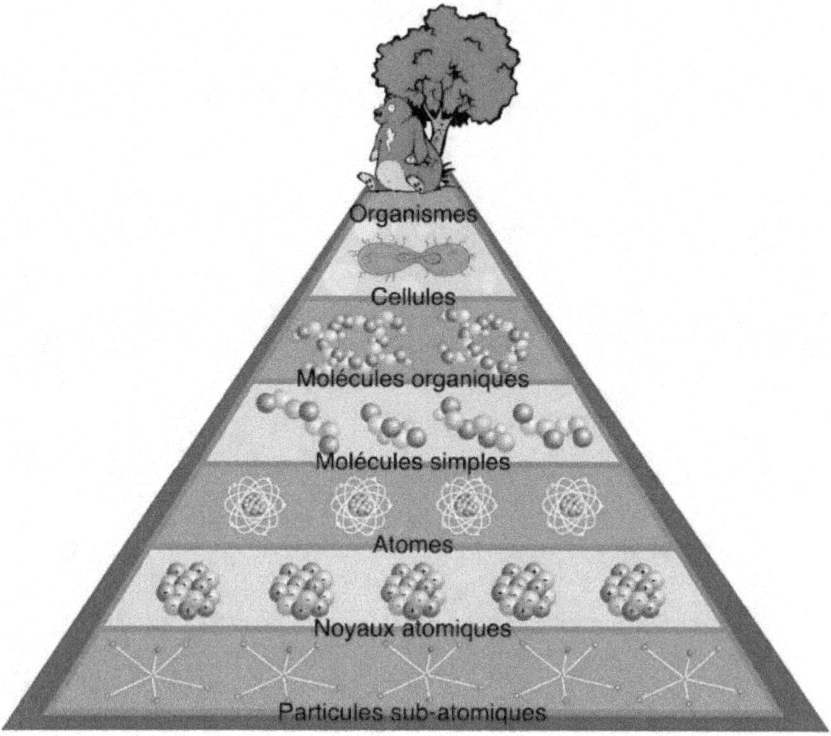

astrocanada.ca/le_cosmos_contemporain_la_matierecontemporary_cosmos_matter/Fra

En effet, après le Big-bang et les autres processus qui ont suivi, les molécules organiques s'étaient redistribuées dans l'Univers. Ce qui était à la planète terre, avec la combinaison environnementale créée par son atmosphère et d'autres processus non encore connus, devrait donner la vie que Moïse a décrite. Au Tome I, nous avons parlé comment un de ces processus concernant l'apparition des plantes s'est déroulé dans les îles de Galápagos.

Section 3
Le système solaire

3.1 Formation du système solaire

*Ge 1 : **9** « Dieu dit : Que les eaux qui sont au-dessous du Ciel se rassemblent en un seul lieu, et que le sec paraisse. Et cela fut ainsi. **10** Dieu appela le sec terre, et il appela l'amas des eaux mers. Dieu vit que cela était bon. **13** Ainsi, il y eut un soir, et il y eut un matin : ce fut le troisième jour. »*

*Ge 1 :**14** Dieu dit : Qu'il y ait des luminaires dans l'étendue du ciel, pour séparer le jour d'avec la nuit ; que ce soient des signes pour marquer les époques, les jours et les années ; **15** et qu'ils servent de luminaires dans l'étendue du ciel, pour éclairer la terre. Et cela fut ainsi. **19** Ainsi, il y eut un soir, et il y eut un matin : ce fut le quatrième jour.*

En comparant ces deux versets avec la chronologie de l'Univers, j'ai réellement crié eurêka, comme Archimède. Non seulement la découverte du Big-bang dans la Bible qui fut la plus grande découverte pour moi, mais j'ignorais aussi complètement que la terre pouvait être plus vieille que le Soleil.

Ceci rend effectivement le Modèle Biblique, restitué dans le Modèle Cosmologique Universel, un modèle scientifique. Qui du temps de Moïse, en regardant dans le ciel physique, pouvait avoir l'idée que les étoiles, le Soleil et la lune se situant dans le système solaire avaient atteint la maturité après la Terre ? Pourquoi je parle de la maturité ? Parce que les matières faisant partie de la constitution de ces astres, appelées « eaux » par la Bible, ont été toutes projeté au même moment dans l'espace, phénomène qualifié par la phrase biblique « des eaux du dessous, la terre émergea, et des eaux du dessus, Dieu fit les luminaires. »

Limitons notre analyse au cas où Moïse ne parlait que du système solaire, le seul qui était accessible à son imagination.

Pour la terre, on nous parle du troisième jour, ou troisième ère, et pour les luminaires on nous parle du quatrième jour, ou quatrième ère. Quel ne fut pas ma surprise en lisant ces textes scientifiques :

« *L'âge des plus anciennes roches terrestres se mesure en laboratoire par des méthodes de datation basées sur la désintégration d'éléments radioactifs. L'âge de la Terre ainsi obtenu est de (4,5 - 0,1) milliards d'années. Les échantillons lunaires conduisent à des valeurs du même ordre de grandeur. L'analyse des météorites, qui sont reconnues pour être les corps les plus anciens du système solaire, permet une mesure plus directement liée à l'âge de la formation du système solaire. L'étude, dans les météorites, d'isotopes radioactifs de l'uranium, du plomb, et du strontium par exemple, conduit à un âge de (4,55 - 0,05) milliards d'années. Le Soleil, n'ayant pas à cette époque commencée à brûler son hydrogène en hélium, est un peu plus jeune. Une analyse de son évolution depuis la phase de condensation du système solaire conduit à lui attribuer un âge de (4,49 - 0,05) milliards d'années* ». (Cfr : https://www-n.oca.eu/vigouroux/chp1/chp123.html ; Âge du Soleil, *Vigouroux Anne, Vendredi 13 Septembre 1996*)

Comme on le voit, tous les astres du système solaire ont presque les âges similaires confirmant le récit biblique de la création du troisième jour et du quatrième jour. La Bible ne dit pas que le Soleil a été créé le quatrième jour, et que la maturité de la terre précéda celle du Soleil et de la lune.

Tout d'abord, selon la science, le Soleil, la terre et les autres astres du système solaire ont été tous projetés par une même masse, confirmant ainsi les versets qui parlaient des eaux du dessous et des eaux du dessus provenant d'une même masse d'eaux (Ge 1 :6-7). Par-là, nous ne pouvons plus dire que c'est le Soleil qui est plus âgé que la Terre ou vice versa.

Toujours selon la science, dont les astrophysiciens ont toutes les sources, sur la masse qui a été projetée, 99 % des matières se sont agglomérées pour former le Soleil et le 1 %, appelé les eaux du dessous par la Bible, a servi pour la formation des autres planètes dont la Terre.

Si, pour les savants, c'est l'accrétion de la matière qui fut importante pour parler du Soleil ou de la terre, pour Dieu et Moïse, ce fut les planétésimaux, les graines de poussières de ce qui deviendra la terre.

Ces planétésimaux furent qualifiés des débris recueillis dans le disque. Ce sont des poussières qui, s'étant regroupées, ont fini par former plusieurs objets cohérents. Au moment de leur projection, ce qui deviendrait la planète terre était déjà localisé, détecté à son orbite et décrit comme étant porteur de vie.

Je sais que mes lecteurs sont très curieux de comprendre comment les choses se sont passées du moment où la Bible parle de la séparation des eaux, notamment des eaux du dessus et des eaux du dessous, jusqu'à former des astres. Le savant belge, l'abbé Georges Lemaitre, et le savant anglais Stephen Hawking, ont prédit qu'il y aura un jour un modèle cosmologique accessible à tous et ça faisait partie de leurs soucis. C'est ce que nous sommes en train d'accomplir.

3.1.1. L'eau biblique est le précurseur de l'hydrogène

Tout d'abord, en parlant des eaux, Moïse ne parlait pas de notre eau courante. C'était en fait le nom qu'il donna aux particules qui ont commencé leur cycle dans l'avant Big-bang, à travers le verset « l'esprit de Dieu se mouvait sur les eaux », en passant à travers la fournaise du Big-bang, connue sous le nom de « la séparation des eaux d'avec des eaux » et en allant former les structures de notre Univers actuel par les eaux du dessus et les eaux du dessous. C'est pour dire que toutes les structures de l'Univers devraient avoir un élément commun lié à leur commencement.

Cet élément commun a été découvert par Henry Cavendish en 1766, soit au18^e^ siècle, et Lavoisier a surnommé cela hydrogène, ignorant qu'il venait de rejoindre la Bible.

En effet, en décomposant l'eau, Lavoisier appela l'un des éléments hydrogène ; (Hydro = eau) et « gène » (engendré). Ce qui veut dire ce qui engendre de l'eau. Cet élément occupe, selon différentes sources scientifiques, les 85 % de l'Univers visible.

En plus, non seulement l'hydrogène est l'un des constituants essentiels de l'eau, c'est-à-dire l'une des molécules vitales pour la vie, il est aussi le plus abondant, constituant les étoiles comme les nuages moléculaires. Donc, Moïse avait effectivement raison d'utiliser le terme eau qui ne représentait pas nécessairement l'eau liquide, mais les matières originelles.

Tous les astrophysiciens sont d'avis que l'hydrogène fait partie des éléments qui se forment en dehors des étoiles. En fait, c'est l'élément qui est à la base de la formation de Tout. Moïse ne pouvait utiliser que le terme « eau », et en finalité, Lavoisier confirma cela par le mot « hydrogène » quand ces particules formèrent le premier noyau de l'Univers.

Les processus de la formation de ce que la Bible qualifie des luminaires (Soleil et étoiles) a commencé par la fusion des particules jusqu'à former l'hydrogène au début de l'Univers. Celui-ci, en se chauffant, a fini par se décomposer en hélium. Après, la fusion de l'hélium et de l'hydrogène, onaboutit à la formation de **carbone**. Le carbone ainsi produit, réalise une fusion avec l'hélium, ce qui crée l'oxygène et ainsi de suite. La répétition de ce type de processus - épuisement du combustible nucléaire, suivi d'effondrement et de réchauffement - permet de créer les x des différents éléments chimiques connus jusqu'au fer.

Tous ces éléments, ainsi créés, se retrouvent sous forme de fluides et de plasmas etsont maintenus par la gravitation sous une boule que nous appelons l'étoile. Le fer est généralement considéré comme étant le stade final de la chaîne des réactions de fusion nucléaire au sein des étoiles. Ainsi, arrivée à ce stade, la fusion ne peut continuer à évacuer son énergie en construisant des éléments plus lourds. La boule commence alors à absorber son énergie au lieu de l'émettre et cela entraine son implosion. Une fois que l'étoile, ou la boule, explose, l'augmentation de la température qu'elle dégage, créée encore d'autres éléments plus lourds.

En explosant, par un phénomène appelé supernova, ses couches externes propulsent dans l'espace, des éléments qu'elles ont fabriqués en leur intérieur et les gaz que nous retrouvons dans la nature, y compris les molécules de vie. Voilà comment se forment, selon la science, tous les éléments chimiques que nous retrouvons dans la nature, tels que classés dans le tableau de Mendeleïev. Tout commence à partir de l'hydrogène, qui signifie ce qui engendre de l'eau, et Moïse avait déjà baptisé sous ce nom ces particules subatomiques.

Et qu'en est-il de la formation des astres non brillants appelés planètes, par les eaux du dessous selon la Bible ?

Si les luminaires tels que le Soleil capturent la plus grande partie de la matière pour se former par la fusion, les autres débris se retrouvant dans l'espace loin de tout processus de fusion pour engager des réactions thermonucléaires, vont commencer aussi à s'assembler par la force de la gravitation dans le disque nébulaire.

Ce disque nébulaire, quant à lui, se refroidit, s'amincit et se rétrécit en prenant une structure annulaire où apparaît une condensation de corpuscules plus denses (poussières, cristaux, glaces, corps rocheux, etc.), sur des orbites très variées qui finiront par former les débris appelés des planétésimaux. Ce sont des poussières qui, s'étant regroupées, finissent par former plusieurs objets cohérents dans leurs orbites de projection en formant des planètes, dont la terre. Voilà pourquoi dans chaque planète, on retrouve les mêmes éléments que ceux qui composent les étoiles, confirmant le Big-bang ou la séparation des eaux d'avec les eaux.

En plus, ces planétésimaux s'agglomèrent plus vite que l'apparition des luminaires. Toutefois, ce sont ces derniers qui viendront pour les façonner en planètes, astéroïdes ou comètes par leur bombardement de chaleur, d'une manière générale. Entendez par là qu'il y a des planètes gazeuses ou telluriques qui échappent parfois à cette règle.

3.1.2. La Terre et le Soleil ont une même période chronologique

Tout d'abord, comme je l'ai dit, les masses de ce que deviendront la Terre et le Soleil ont toutes été projetées au même moment. Moïse les qualifia les eaux du dessus et des eaux du dessous.

Moise n'a pas dit que Dieu a commencé à créer les luminaires au quatrième jour, mais il dit « *des eaux du dessus Dieu créa les luminaires* ». Comme on le voit, les eaux du dessous et du dessus ont toutes été projetées au troisième jour. Ainsi, le 3e jour et le 4e jour sont liés et il n'y a pas discordance. Que la science dise que le Soleil est plus âgé que la Terre, ou vice-versa, n'a pas d'impact sur les 3e et 4e jours bibliques car leurs graines ont été projetées au même instant.

Les mêmes graines plantées dans des endroits différents, avec des conditions différentes vont connaitre aussi une croissance différente. C'est ainsi que les Soleils et les étoiles sont restés en fusion, la terre et quelques planètes sont devenues telluriques et les autres planètes sont restées à l'étape primitive des gaz. Ceux qui n'ont pas encore commencé leur formation sont encore à l'étape des nébuleuses, c'est-à-dire regroupement dans l'espace interstellaire, des poussières et des gaz d'hydrogène. Ainsi, la neuvième planète du système solaire pouvait être une nébuleuse cachée dans le noir.

En plus, en parlant de la création de la terre au troisième jour par l'amas des eaux qui se trouvaient au-dessous de l'étendue, et de luminaires au quatrième jour, cela revient à dire que nos océans, desquels la Terre est issue, devaient être plus vieux que le Soleil. Cette vérité m'a beaucoup troublé jusqu'à ce que je tombe sur cet article paru sur le*Monde.fr* publié sur Internet dans *m blogs le 26/09/*2014parGuillaume Cannat :

« En étudiant l'origine de l'eau présente dans le Système solaire, des chercheurs viennent de conclure qu'elle se serait formée pour une large part avant la naissance du Soleil et de la Terre ».

Ainsi, on comprend pourquoi, tantôt la science nous présente l'image d'une terre rocheuse couverte de magma lors de sa formation, tantôt d'une Terre couverte de glace car le rayon solaire n'était pas encore au point pour la faire fondre. Dans ce cas nous pouvons dire que cette première boule glacée qui reflète la Genèse biblique, était effectivement plus âgée que les luminaires ou les eaux du dessus qui n'avaient pas encore acquis leur stabilité.

D'ailleurs, Moïse, le savant des savants a soulevé ces points au deuxième chapitre de la Genèse par les versets suivants :

« Lorsque l'Eternel dieu fit une terre et des cieux, aucun arbuste des champs n'était encore sur la terre, et aucune herbe des champs ne germait encore; car L'Eternel Dieu n'avait pas fait pleuvoir sur la terre, et il n'y avait point d'homme pour cultiver le sol ». (Ge 2 :5).

Là, on n'était dans la période qu'on pouvait qualifier de l'ère glaciaire dont les historiens n'ont qu'à modifié leur chronologie, si cela ne correspond à nos commentaires. Je ne suis pas le seul à raisonner ainsi, lisons ces propos des scientifiques :

« Bref, sur les 4,56 milliards d'années qui se sont écoulées

depuis la formation de la terre, l'histoire des 500 premiers millions d'années est très difficile à reconstituer. Pourtant, une équipes américano-australiennes viennent de publier coup sur coup des résultats surprenants : elles affirment non seulement que les premiers continents étaient déjà en place il y a plus de 4,4 milliards d'années, mais qu'en plus de l'eau ruisselait à leur surface...Cela suppose que la toute jeune planète se soit refroidie à une vitesse record, en moins d'une centaine de millions d'année, et oblige de surcroît les géophysiciens à revoir leur modèle de formation terrestre. ! » (Cfr : Ciel&Espace n°370. Mars 2001. P.18 par Azar Khalatbari).

Si nous méditons très bien ce verset par rapport à tous ces commentaires scientifiques ; « *Dieu dit : Que les eaux qui sont au-dessous du Ciel se rassemblent en un seul lieu, et que le sec paraisse. Et cela fut ainsi » (Ge 1 :**9**),* nous pouvons dire que la terre a été libéré de la glace quand celle-ci s'est fondue. Cet ainsi que la planète Terre est composée des 70% d'eau et 30% seulement de la partie séchée.

Nous pouvons encore lire cet autre commentaire :

« L'eau est apparue sur Terre il y a 4,35 milliards d'années. Ce résultat de chercheurs de la NASA se fonde sur l'analyse de cristaux de zircon, extraits d'une roche de Jack Hills, en Australie ». (Cfr : Ciel&Espace n° 423 - Aout 2005 ; De l'eau liquide très tôt sur terre, p.26).

Pour le Modèle Cosmologique Universel tel que nous l'avons soutenu au Tome I, le premier continent a germé de la même façon que les îles Galápagos et d'autres îles dans les océans, faisant ainsi fondre la glace qui le couvrait. Notre preuve, la transformation des planétésimaux ayant abouti à la roche contenant les zircons dont les études ont servi à la datation de la Terre. Si la glace a couvert la surface, les mouvements sismiques dans le sous-sol rendant l'eau liquide, transformaient déjà ces granits en roches.

Ceci étant, tous les commentaires scientifiques concernant l'apparition de l'eau sur la Terre doivent de nouveau être réétudiés car ils sont basés jusque-là sur la vision selon laquelle il y avait le rocher et que l'eau nous est venue des météorites.

Ci-dessous, le schéma du système solaire aujourd'hui : le proto-soleil est devenu l'étoile soleil et les planètes se sont formées autour du Soleil dans le disque protoplanétaire.

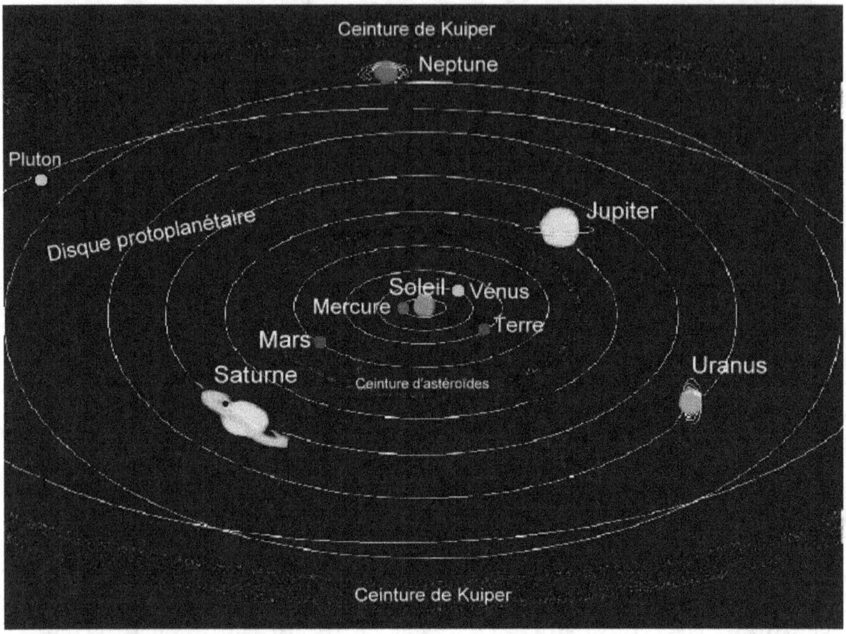

Image du système solaire actuel : le soleil et son disque protoplanétaire formé de planètes et de ceintures d'astéroïdes. (Cfr :*vinsvignesvignerons.com/Geologie/Geologie-de-la-France/Une-breve-histoire-de-la-planete-terre).*

Toutes les planètes ci-dessus ont été projetées par une même masse mais ont connu des croissances différentes.

Section 4
Le règne végétal, les êtres aquatiques et volants (5e jour biblique)

4.1. Le règne végétal

4.1.1. La prédiction du 3e jour

Revenons encore au troisième jour de la création où nous avons dit que certaines personnes rejettent la Bible parce qu'elle cite la germination des plantes avant que le Soleil ne soit formé.

Ge 1 : ***11****« Puis Dieu dit : Que la terre produise de la verdure, de l'herbe portant de la semence, des arbres fruitiers donnant du fruit selon leur espèce et ayant en eux leur semence sur la terre. Et cela fut ainsi….* ***13*** *Ainsi, il y eut un soir, et il y eut un matin : ce fut le troisième jour.* »

En suivant ces raisonnements, nous découvrons que tout part de l'infiniment petit à l'infiniment grand : verdure - herbe - arbre fruitier. Nous voyons que tout le processus est détaillé dans la Bible d'une manière logique. Scientifiquement, le processus d'apparition de la vie est très complexe. Mais le point le plus important, même dans la science, est que, en matière de la création, tout part de l'infiniment petit à l'infiniment grand.

Nous avons déjà dit que le troisième jour de la création correspondait à la deuxième ère de la science et que c'était une période de formation et de collisions galactiques, et sans vie. Moïse a parlé des plantes dans la planète terre pour exprimer la présence des molécules de vie dans cet amas de poussières, comme décrit dans le documentaire scientifique « **les origines de la terre** » ; écrit par Alice Harper et Nigel Henbest.

4.1.2. La Vie est apparue au 5e jour biblique

Mais toutefois, en revenant au deuxième chapitre de la Genèse, nous allons voir que la vie n'a commencé qu'au cinquième jour même si le schéma a été décrit au troisième jour. Lisons :

Ge 2 :4 « *...Lorsque l'Éternel Dieu fit une terre et des cieux* » ;

Ge 2 :5 « *... et aucune herbe des champs ne germait encore : car l'Éternel Dieu n'avait pas fait pleuvoir sur la terre...* ».

Ge 2 : **6** « *Mais une vapeur s'éleva de la terre, et arrosa toute la surface du sol* ».

En Ge 2 :5, On nous dit qu'aucune herbe ne germait car il n'y avait pas encore la pluie. Puis, au verset 6, on nous dit que la terre fut arrosée. Cela démontre que c'était après le quatrième jour biblique où Dieu a créé des luminaires (Ge 1 :14-19). Ce qui revient à dire que la première plante est apparue dans la 5e étape comme en atteste la science dans le tableau qui se trouve au début. Ceci est confirmé par le verset suivant :

Ge 2 : **7** « *L'Éternel Dieu forma l'homme de la poussière de la terre* »

Or, l'homme fut créé à la sixième étape. Donc, les plantes, selon les versets ci-dessus, furent formées à la cinquième étape. Mais pour Moïse la formation de la terre et de la vie forme un tout et cela commença par les algues unicellulaires qu'il ne pouvait qualifier que de plantes. D'ailleurs, selon différentes sources scientifiques, ces algues (les cyanophycées) se mutèrent, les unes en végétaux ; le phytoplancton, et les autres en êtres marins ; le zooplancton.

En plus, quand Dieu créa l'homme, il lui dit :

« *Voici, je vous donne toute herbe portant de la semence et qui est à la surface de toute la terre, et tout arbre ayant en lui du fruit d'arbre et portant de la semence : ce sera votre nourriture.* ***30****Et à tout animal de la terre, à tout oiseau du Ciel, et à tout ce qui se meut sur la terre, ayant en soi un souffle de vie, je donne toute herbe verte pour nourriture* » (Ge 1 :28).

Ceci prouve que la création des plantes, c'est-à-dire les algues, a précédé les animaux et l'homme.

Tout comme Moïse a clôturé l'avant Big-bang par l'apparition de la lumière, démontrant que le réchauffement des matières primitives avait atteint son apogée avant d'exploser, ici, il utilisa la venue de la pluie avant l'apparition de la vie pour démontrer que l'environnement terrestre pouvait maintenant permettre l'éclosion de la vie à partir du niveau de la chimie que l'eau avait atteint.

Cela fut confirmé dans cette citation tirée du documentaire scientifique « **Cosmos– au-delà du Big-bang** » écrit par Matt Hickey : « *Sous l'eau, des réactions chimiques mystérieuses en viennent à créer la vie* ». Une phrase qui me plaît beaucoup, prononcée par un scientifique et démontrant la limitation de la science quand on s'approche de la physique de la création; branche de l'astrothéologie intégrant Dieu, l'infiniment petit, le Principe de la création du Rév. Dr. Sun Myung Moon et la mécanique quantique.

4.2. Les êtres aquatiques

Dans le documentaire scientifique **« les origines de la terre** » écrit par Alice Harper et Nigel Henbest, on nous dit que l'apparition des poissons fut suivie par des insectes volants. La Bible ne parlant que de la finalité, mentionne plutôt des êtres ailés, démontrant que la science l'a rejoint. Lisons :

Genèse 1 : « *20 Dieu dit : Que les* ***eaux produisent*** *en abondance des animaux vivants, et que des oiseaux volent sur la terre vers l'étendue du Ciel.* ***21****Dieu créa les grands poissons et tous les animaux vivants qui se meuvent, et que les eaux produisirent en abondance selon leur espèce; il créa aussi* ***tout oiseau ailé*** *selon son espèce. Dieu vit que cela était bon.* ***22*** *Dieu les bénit, en disant : Soyez féconds, multipliez, et remplissez les eaux des mers; et que les oiseaux multiplient sur la terre.* ***23*** *Ainsi, il y eut un soir, et il y eut un matin : ce fut le cinquième jour* ».

En principe, toutes les herbes marines sont des algues. Elles ne sont pas souvent considérées comme des véritables plantes parce qu'elles fabriquent leur propre nourriture et sont dépourvues de racines, de tiges, de feuilles et de fleurs. Ces algues (les cyanophycées) à l'apparition de la vie, se sont mutées, les unes en végétaux; le phytoplancton, et les autres en êtres marins; le zooplancton, avons-nous dit.

Nous savons que le règne animal tire son alimentation des végétaux et, soit inspire le gaz que ces derniers émettent, soit les deux à la fois comme l'homme. Ainsi, la logique biblique de la création est une vérité absolue et incontestable. Mais en malaxant les deux versets ci-dessus, on conclut que végétaux et animaux marins issus des algues apparurent tous au cinquième jour de la création, selon la Bible, et à la quatrième ère, selon la science.

4.3. Les êtres volants

Un autre point marquant, selon la Bible, est l'apparition des poissons qui fut suivie par celle des oiseaux. En effet, cela est confirmé par l'existence des oiseaux marins ou aquatiques, dont le manchot empereur qui plonge à plus de 500 m pour rechercher de la nourriture.

Mais voyons comment un biochimiste explique cette transition :

« *Les premières formes de vie pluricellulaire étaient les algues et les éponges, suivies des méduses, vers et étoiles de mer. Les premiers animaux dotés d'une épine dorsale étaient les***poissons**. *Certains d'entre eux évoluèrent en amphibiens. Ceux-ci donnèrent naissance aux reptiles (crocodiles, serpents et lézards). Le plus gros d'entre eux était le dinosaure. Certains petits dinosaures se parèrent de plumes et évoluèrent en***oiseaux**, *tandis qu'un autre groupe de dinosaures donna naissance aux mammifères, qui restent à ce jour les animaux les plus évolués de la Planète* ».

(Cfr : Linda Gamlin, Les origines de la vie, éd. Artis-Historia, Bruxelles. 1989, P.3).

Ici, nous avons le schéma scientifique qui a conduit des êtres sous-marins aux oiseaux, alors que la Bible ne parle que des étapes très importantes et compréhensibles à tout le monde. En parlant des êtres sous-marins, ça regroupe l'étape évolutionnaire depuis les premières formes de vie sous-marine jusqu'aux oiseaux, la dernière espèce des êtres volants à apparaitre. Par exemple, comment Moïse pouvait-il parler de certains êtres dont les gens n'avaient aucune connaissance ? Donc, pour le Modèle Cosmologique Universel, chaque forme finie et non transitoire, était l'aboutissement d'un idéal.

Section 5
Des mammifères à l'homme (6 ^{e} jour)

5.1 : La cohésion du schéma de la création biblique

Dans notre documentaire scientifique de référence pour ce point, à savoir « **les origines de la terre** » écrit par Alice Harper et Nigel Henbest, on nous dit qu'entre les poissons et les reptiles, il y a eu d'abord les êtres volants. Cela cadre aussi avec le verset biblique où les reptiles ne se retrouvent pas au 5e jour biblique comme les poissons et les êtres volants, mais au 6e jour (Ge 1.25).

Mais de quels reptiles parle-t-on ici puisque dans la citation ci-dessous, de la biochimiste et biologiste Linda Gamlin, des reptiles qui ont évolué en dinosaures seraient les ancêtres des oiseaux ? La Bible entre-t-elle en contradiction avec la science ? Nullement, car dans la dernière phrase de la même citation on retrouve une autre catégorie de reptiles (dinosaures) comme nous pouvons le lire :

« *Certains petits* ***dinosaures*** *se parèrent de plumes et évoluèrent en* ***oiseaux****, tandis qu'un autre* ***groupe de dinosaures*** *donna naissance aux* ***mammifères****, qui restent à ce jour les animaux les plus évolués de la Planète* ».

(Cfr : Linda Gamlin, Les origines de la vie, éd. Artis-Historia, Bruxelles. 1989, P.3).

La Bible, prise littéralement, n'est en contradiction avec la science que sur l'évolution en exprimant la brisure des symétries avec les termes « Dieu dit, Dieu fit et Dieu créa ». Mais le schéma de l'apparition des choses ou des êtres dans les grandes lignes vont presque en harmonie entre la science et ces écrits de 1500 ans av. J-C. Le but de Moïse, en écrivant le récit de la création, était de faire voir aux Israélites que Dieu est le maître et le Créateur de toutes choses, dans la mesure où celui qui créa l'atome originel « eaux » comme attestait scientifiquement :

« *Aujourd'hui, on recense sur terre au moins 4 millions d'espèces connues d'organismes vivants. Tous utilisent le même code génétique et leur composition chimique de base est identique, ce qui semble indiquer que tous descendent d'une même espèce primitive de bactéries, vivants il y a plus de 3 milliards d'années ».*

(Cfr : Linda Gamin, Les origines de la vie, éd. Artis-Historia, Bruxelles. 1989, P.24).

Puisque ce livre rassure les chercheurs sur la véracité des récits bibliques sur la création, il leur appartient de commencer à revoir leurs calculs afin d'atteindre l'ordre divin.

Il faut aussi préciser que le Modèle standard scientifique ne détaille pas tous ces points. D'où le Modèle Cosmologique Universel qu'est plus riche en ouvrant les recherches de l'avant Big-bang jusqu'à l'homme.

Revenons à notre matière et voyons ce qui s'est passé au 6e jour biblique ou la 5e ère selon la science :

Ge 1 : « ***24*** *Dieu dit : Que la terre produise des animaux vivants selon leur espèce, du bétail, des reptiles et des animaux terrestres, selon leur espèce. Et cela fut ainsi.* ***25*** *Dieu fit les animaux de la terre selon leur espèce, le bétail selon son espèce, et tous les reptiles de la terre selon leur espèce. Dieu vit que cela était bon.* ***26*** *Puis Dieu dit : Faisons l'homme à notre image, selon notre ressemblance, et qu'il domine sur les poissons de la mer, sur les oiseaux du Ciel, sur le bétail, sur toute la terre, et sur tous les reptiles qui rampent sur la terre.* ***27*** *Dieu créa l'homme à son image, il le créa à l'image de Dieu, il créa l'homme et la femme...* ***31*** *Dieu vit tout ce qu'il avait fait et voici, cela était très bon. Ainsi, il y eut un soir, et il y eut un matin : ce fut le sixième jour ».*

À la sixième période de création, qualifié de sixième jour biblique, nous voyons ici la création des êtres qui nous sont très proches, à savoir les animaux terrestres.

Si la Bible avait été écrite à la période où l'homme a fait des découvertes, on aurait dit que c'était le fruit d'un calcul humain, basé sur la datation des fossiles. En plus, aujourd'hui, nous avons une spécialisation d'intelligence, si bien que le récit de la création biblique devrait faire appel à plusieurs disciplines scientifiques pour sa cohésion.

Même avec une spécialisation d'intelligence, aujourd'hui, le mystère de la création subsiste encore. Or, dans l'histoire de la Genèse, la même personne « Moïse » a su parler de tout : de l'avant Big-bang jusqu'à l'apparition de l'homme, d'une manière cohérente. Si quelqu'un trouve encore une incohérence entre le schéma de la création biblique et la science, c'est qu'il doit aussi relire les tomes précédents.

5.2 : La structure des êtres vivants

En Ge 2 :7, nous lisons que l'homme et les animaux furent formés de la poussière de la terre (Univers), ce que la science ne put jamais nier, car en analysant les poussières des comètes, on ne cesse de découvrir les molécules de vie. Mais ces molécules ne peuvent interagir entre elles sans qu'il puisse avoir de l'eau liquide avec des proportions chimiques telles que l'eau qui est sur la planète terre.

Ainsi, avant la création des hommes et des animaux, Moïse commença d'abord par évoquer la problématique des eaux.

En Ge 2 :**5**« *aucun arbuste des champs n'était encore sur la terre, et aucune herbe des champs ne germait encore : car l'Éternel Dieu n'avait pas fait pleuvoir sur la terre, et il n'y avait point d'homme pour cultiver le sol.* **6***Mais une vapeur s'éleva de la terre, et arrosa toute la surface du sol.* »

Ge 2 : **7** « *L'Éternel Dieu forma l'homme de la poussière de la terre* »

Même le Prophète Mahomet (*que la Paix et Salut soient sur Lui*) a dit que l'homme fut formé de la boue, entendant par-là, la contribution de l'eau dans la poussière. Encore une fois, on découvre une source d'inspiration unique entre la science et la religion, à savoir Dieu.

5.2.1. La poussière de la terre ou la poussière des étoiles

Ge 2 : 7 « *L'Éternel Dieu forma de la poussière de la terre, il souffla dans ses narines un souffle de vie et l'homme devint un être vivant.* »

Selon les astrophysiciens, l'homme est formé de la poussière des étoiles. D'où tirent-ils cette déduction ?

Les êtres vivants sont formés des molécules de vie. Celles-ci ont comme première source les nébuleuses. Or, dans la nébuleuse, on trouve des gaz et des poussières. Ce sont ces poussières qui un jour viendront former les molécules de vie dans les étoiles, selon la science.

Revenons encore sur les processus de la formation de la matière. En effet, comme toutes les matières, le processus de la formation de l'homme, pour les savants, a commencé par la fusion des particules jusqu'à former l'hydrogène au début de l'Univers. L'hydrogène, en se chauffant, a fini par se décomposer en hélium. La répétition de ce type de processus - permet de créer les x des différents éléments chimiques connus jusqu'au fer.

Tous ces éléments, ainsi créés, se retrouvent sous forme de fluides et de plasmaset sont maintenus par la gravitation sous une boule que nous appelons l'étoile. Le fer est généralement considéré comme étant le stade final de la chaîne des réactions de fusion nucléaire au sein des étoiles.

En explosant, par un phénomène appelé supernova, les couches externes propulsent dans l'espace des éléments qu'elles ont fabriqués en leur intérieur et les gaz que nous retrouvons dans la nature, y compris les molécules de vie.

Finalement, une partie de la matière a fini par former la planète Terre. Et, c'est dans la planète terre que l'homme finira par être formé par les éléments qui la composent, que Moïse qualifiera de la poussière de la terre.

Les savants se référant à l'origine, c'est-à-dire à la boule étoilée, disent que l'homme est fait de la poussière des étoiles. Le prophète Mahomet (*que la Paix et Salut soient sur lui*), sachant que la particularité de la vie sur la planète Terre était due à la présence de l'eau liquide, dira que l'homme est fait de la boue ; c'est-à-dire la poussière de la terre plus l'eau. Et le dernier grand prophète à raisonner sur cette matière, à savoir le Rév. Dr. Sun Myung Moon, a conclu, dans le Principe divin, que l'homme est le microcosme du cosmos.

Ainsi, Moïse recourra à la source pour parler des poussières comme éléments ayant servi à la création de la vie, à commencer par les plantes. Encore une fois nous voyons que la science et la Bible parlent le même langage. Mais, pour désorienter cette découverte en contournant la Bible, les scientifiques ont préféré parler de l'homme comme étant formé de la poussière des étoiles.

Sachant que c'est Dieu qui a conduit tous les processus, de l'origine à la formation de l'homme, comme dernière étape de la création, ce dernier se retrouve être le fils de Dieu et le seigneur de l'Univers. (Ge 1 :27).

5.3.2 Le souffle de vie dans les êtres vivants

Dans le processus de l'évolution, la différence entre les autres êtres vivants et l'homme vint à partir de l'aspect divin, ou la conscience attribuée à chaque être, qualifiée de souffle de vie, domaine insondable pour la science. Lisons :

Ge 2 : *7 L'Éternel Dieu forma l'homme de la poussière de la terre, il souffla dans ses narines un souffle de vie et l'homme devint un être vivant.*

Ce verset ne peut pas être interprété comme si Dieu avait soufflé dans nos narines l'air que nous respirons.

Jusque-là, les croyants, dans leur analyse littérale, ont pensé que le souffle de vie était égal à l'air. Or, l'air est physique, c'est le nom donné à l'atmosphère terrestre qui est composé de plusieurs gaz. Le souffle de vie, ici, fait partie de quelque chose de spirituel qu'on ne peut palper. Il s'agit en fait de l'énergie qui est dotée à chaque être, comme nous l'avons dit, à commencer par les particules originelles nous reliant avec Dieu. C'est aussi la source de la conscience.

Ce que Dieu a soufflé dans l'homme n'a rien à voir avec l'air physique. Ce souffle était resté jusqu'à ce jour une énigme pour ceux qui se posaient des questions sur des choses qu'on ne peut palper dans un individu, dont principalement l'esprit et l'âme. C'est par là aussi que la conscience est entrée dans la matière inerte.

Moïse le qualifie de souffle de vie qui est une énergie en provenance de Dieu que le couple Moon explique dans le livre du Principe de la création et qui est baptisée sous le nom de l'Énergie

Première universelle et qui fut dotée à tout être vivant et l'homme fut utilisé comme cas de figure.

En disant que l'homme était inerte, et que le souffle de Dieu lui a donné la vie, nous nous retrouvons dans un phénomène que les savants peuvent qualifier « d'entrer de l'énergie dans l'être humain ». Dans le Principe divin du couple Moon, qui est le premier à expliquer la force de Dieu d'une manière scientifique, cette phrase s'articule ainsi :

« *La Force Première Universelle a son origine en Dieu et constitue la force que Dieu projette en chaque être au moment de sa création* ». (Cfr : Le Principe divin, niveau 4, P.21)

Comme je ne cesse de le dire dans mes manuels, le langage biblique est spirituel, on utilise le terme physique pour enseigner les croyants. Mais, la vraie explication consiste à entrer dans le cœur de celui qui l'a dit.

Ayant exposé tout ceci, nous définissons l'Énergie Première universelle, ou le souffle de vie, comme étant l'énergie de la vie. Sans cette énergie, la vie devient inerte. Cette énergie n'a pas commencé avec la première molécule, mais bien avant le Big-bang. Elle vient de Dieu lui-même. Quand on voit un être vivant, on sent qu'il a de l'énergie, on sent qu'il a la vie, mais cette énergie de maintien de la vie on ne la voit pas. Sa manifestation au sein de l'être crée la Force Première Universelle.

Section 6
Les mystères de la création de la femme

Ge 2 : 7 *L'Éternel Dieu forma l'homme de la poussière de la terre, il souffla dans ses narines un souffle de vie et l'homme devint un être vivant.*

Ge 2 : 18 *L'Éternel Dieu dit : Il n'est pas bon que l'homme soit seul; je lui ferai une aide semblable à lui.*

Ge 2 : 21 *Alors l'Éternel Dieu fit tomber un profond sommeil sur l'homme, qui s'endormit; il prit une de ses côtes, et referma la chair à sa place.* ***22*** *L'Éternel Dieu forma une femme de la côte qu'il avait prise de l'homme, et il l'amena vers l'homme.* ***23*** *Et l'homme dit : Voici cette fois celle qui est os de mes os et chair de ma chair! on l'appellera femme, parce qu'elle a été prise de l'homme*

Y a-t-il un modèle scientifique qui peut commencer de l'avant Big-bang et aboutir jusqu'à ce niveau en parlant du mystère de la création de la femme? Et pourtant, le schéma de la création biblique se clôture jusqu'à ce verset et si nous n'y touchons pas, c'est que la coquille de notre modèle, à savoir le Modèle Cosmologique Universel, serait incomplète.

Voilà comment ce que je me suis donné comme tâche m'amène à aller raisonner au-delà de ce que la religion et la science peuvent imaginer avant qu'elles ne l'accaparent. N'étant pas un spécialiste en biomédical, ici je n'apporte que les bribes. Aux savants de continuer les recherches adéquates.

Après avoir créé l'homme, la Bible nous dit qu'il était seul et que Dieu a résolu de lui faire son complément. D'après Moïse, qui est littéralement l'auteur de ce récit, ce complément fut tiré des organes du même homme. Un Dieu omniscient oublierait-il, après avoir créé tous les animaux mâles et femelles, d'en faire autant pour l'homme et s'en souvenir après? Scientifiquement parlant, ce processus est-il faisable ou cette histoire cache-t-elle un autre secret que personne n'a su découvrir depuis qu'elle a été écrite? Nous allons analyser la première possibilité et répondre à la deuxième, ce qui donnera une réponse à la première question.

Nous abordons ce point parce qu'il fait partie du récit de la création biblique et que personne jusque-là n'a osé en parler. Les religieux en utilisent parfois pour démontrer leur prééminence devant les femmes, mais pour les scientifiques, ce n'est qu'un mythe irréalisable et auquel on ne peut même pas jeter un coup d'œil. Lisons :

Ge 2 : « ***18*** *L'Éternel Dieu dit : Il n'est pas bon que l'homme soit seul; je lui ferai une aide semblable à lui.* ***21*** *Alors l'Éternel Dieu fit tomber un profond sommeil sur l'homme, qui s'endormit; il prit une de ses côtes, et referma la chair à sa place.* ***22*** *L'Éternel Dieu forma une femme de la côte qu'il avait prise de l'homme, et il l'amena vers l'homme.* ***23*** *Et l'homme dit : Voici cette fois celle qui est os de mes os et chair de ma chair! On l'appellera femme, parce qu'elle a été prise de l'homme.* ***24*** *C'est pourquoi l'homme quittera son père et sa mère, et s'attachera à sa femme, et ils deviendront une seule chair* ».

Autres versets d'appui

1Co 11 : ***8*** *En effet, l'homme n'a pas été tiré de la femme, mais la femme a été tirée de l'homme;* ***9*** *et l'homme n'a pas été créé à cause de la femme, mais la femme a été créée à cause de l'homme.*

6.1. Le clonage

L'histoire de l'apparition de la femme dans le récit biblique sur la création ressemble à ce que la science appelle le clonage.

Le clonage est défini, en Génie Génétique, comme *« une manipulation Génétique permettant d'obtenir, à partir d'un organisme original, un ou plusieurs organismes possédant le même patrimoine Génétique que celui-ci » (1).*

(1) « clonage ». Microsoft® Encarta® 2009 [DVD]. Microsoft Corporation, 2008.

En d'autres termes, le clonage est le nom que la science utilise quand un être vivant est issu d'un autre par la manipulation génétique selon la définition ci-haut, tirée d'Encarta.

Scientifiquement parlant, nous pouvons direque l'histoire de la création de la femme fut la première manipulation génétique. Selon les écrits bibliques, tout se passa comme cela se passe dans nos hôpitaux, même s'il n'en était pas ainsi. Par contre, aucun religieux ne peut me condamner d'en faire le commentaire.

L'histoire de clonage remonte à 1952, alors que les écrits de Moïse remontent à plusieurs siècles avant Jésus-Christ. Donc, l'homme d'aujourd'hui, quelle que soit son intelligence, devrait garder son humilité en reconnaissant les prouesses de son créateur et de ce grand homme de Dieu qui est Moïse. Aujourd'hui, le clonage connaît un sens péjoratif et est condamné par toutes les religions ainsi que par l'ONU.

La pratique du clonage est condamnée exclusivement par la religion car cela relève, dit-on, de l'exclusivité du créateur qui est Dieu. À cause de leur imperfection, les hommes risquent de créer quelque chose qui sera soumis à une souffrance, ou handicap, perpétuelle. Ainsi, le 8 mars 2005, l'Assemblée Générale des Nations unies a décidé de l'interdire, même à des fins thérapeutiques. Mais vu que cela ne fut pas coulé comme loi par les États, le nombre des espèces clonées, soit à des fins thérapeutiques, soit à des fins commerciales, comme les chevaux, soit pour le plaisir de faire passer une race sauvage à une race domestique, soit par simple curiosité pour voir ce que cela donne ne fait qu'augmenter.

La spécificité biblique concernant le clonage est que celui-ci a produit un sexe opposé ; ce à quoi la science n'est pas encore parvenue.

6.2. Pratique de clonage

La pratique du clonage de l'homme pour avoir la femme, dans la Bible, n'est pas loin de celle de la science, avais-je dit. De quelle partie du corps de l'homme, l'organe a-t-il été prélevé pour créer la femme selon la définition du clonage ? Lisons la réponse :

Ge 2 :21« *Alors l'Éternel Dieu fit tomber un profond sommeil sur l'homme, qui s'endormit ; il prit une de ses côtes, et referma la chair à sa place.* »

Notre étude concerne la forme et le fond. En ce qui concerne la forme, quand on dit homme ou femme, on voit d'abord les organes sexuels. Mais l'Afrique du Sud est allée trop loin, jusqu'à étudier la testostérone de sa championne olympique **Mokgadi Caster Semenya** (née le 7 janvier 1991 à Pietersburg).

Le corps et le visage peuvent être le même dans les deux sexes, mais c'est l'organe sexuel qui détermine l'identité de chacun. Même si les transgenres sont contre ce point de vue, mon raisonnement sur l'appartenance de l'identité d'un individu a été rejoint par Monsieur Donald Trump, président des États Unis, élu en 2016, champion des décisions extrêmes.

En effet, son administration voulait mettre de l'ordre dans ce domaine, comme nous pouvons le lire :

*« Selon **l'administration Trump**, il serait temps que l'on établisse une définition du sexe appuyée sur une base biologique claire, fondée sur la science. Le département voudrait principalement se fier aux parties génitales de l'individu à sa naissance, et des tests génétiques seraient utilisés en cas d'incertitude* ». (Cfr : trustmyscience.com/author/jpierre/par le 24 octobre 2018).

Pour être plus clair, selon l'administration Trump, l'appartenance à un sexe ne peut être décidée par l'individu lui-même quelle que soit sa forme corporelle. On devrait se baser sur l'organe sexuel actif et non sur la forme des seins ou du visage.

En revenant à la Bible, est-ce les cellules formatrices de l'organe sexuel de la femme qui ont été amputées dans l'homme ? C'est à la science d'y répondre, car amputé de cet organe, on perd une partie de son identité.

Moïse, dans le récit de la création biblique, restitué dans le Modèle Cosmologique Universelle, nous dit qu'après avoir anesthésié l'homme, Dieu l'opéra et préleva une de ses côtes (Ge 2 : 21-22). Le terme une de ses côtes est pour nous dire que c'était un organe intérieur notamment protégé par les côtes. Et en plus, c'était pour attirer notre attention sur l'endroit où la première séparation a dû se faire. De quel organe s'agit-il ? A-t-il un rapport avec les organes reproducteurs ? Je n'ai pas encore terminé mes recherches en astronomie pour me lancer en médecine. Mais, comme personne n'a essayé de raisonner sur ces versets avant moi, j'attire quand même l'attention pour qu'on ne me dise pas que j'ai laissé certains points du récit biblique de la création.

Voyons d'abord ces images :

Appareil reproducteur de la femme vue d'en face

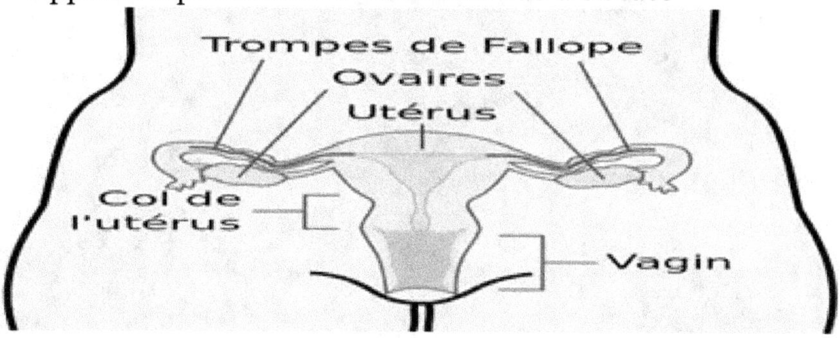

Appareil reproducteur de la femme vue de profil

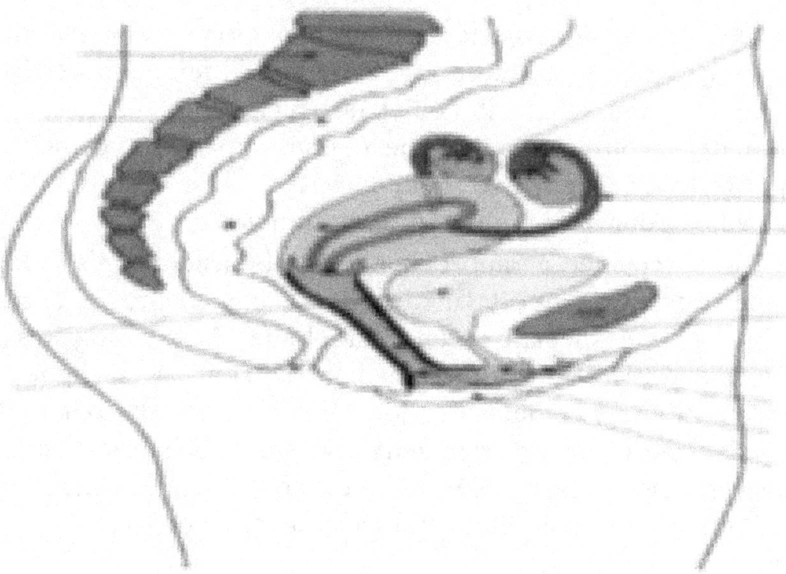

Appareil reproducteur de l'homme

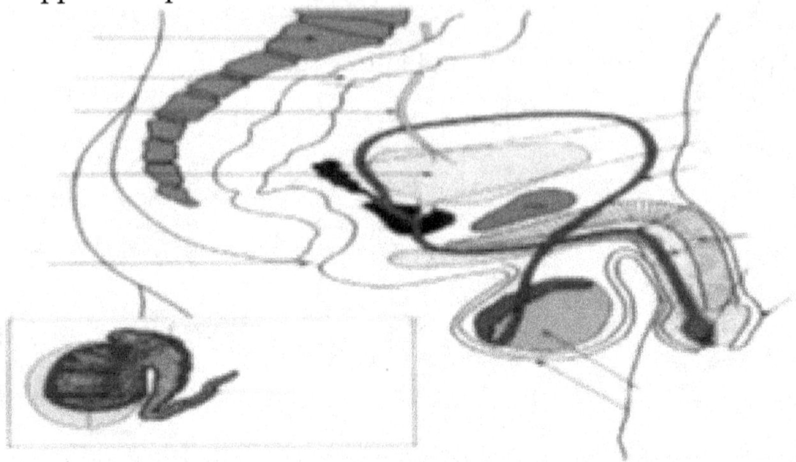

Si le récit biblique de la création était pris en considération par la science, l'histoire de la création de la femme à partir de l'homme aurait déjà fait l'objet des recherches. Et la science aurait déjà abouti au résultat que les deux appareils se combinent à partir des parties convexe et concave. L'un recevant l'autre et vice versa pour n'en faire qu'un seul individu.

Si je commence à rapprocher les deux schémas, j'aboutirai à une découverte que la médecine n'a pas encore faite, mais je préfère me spécialiser en cosmologie. Aux biologistes de faire leur travail. La compréhension des détails scientifiques du Modèle Biblique devient à ce jour le but à atteindre par toutes les sciences. Tout ce que je peux dire sur ce schéma est que là où c'est concave pour la femme, c'est convexe pour l'homme et vice versa. Ainsi, pour être complètes, ces deux parties cherchent toujours à se compléter.

Par exemple, au-dessus de l'image jaune de l'homme, on voit qu'il manque l'utérus avec toutes ses composantes. Certaines fonctions de ces composantes sont assurées par les testicules de l'homme, placées en bas.

En effet, ce que je sais est que c'est dans l'appareil reproducteur qu'on retrouve les hormone appelées œstrogènes qui assurent le développement des caractères féminins chez la femme, et chez l'homme, la testostérone définit les caractères masculins. Pour connaître ces choses plusieurs siècles avant Jésus-Christ, on devait être un grand médecin ou un savant comme Moïse, qui avait un contact direct avec Dieu, pour comprendre la vraie technique du Génie Génétique.

Il y a plusieurs formes de clonage. Voyons comment se fait le clonage entre deux êtres ou au sein d'un même être pour comprendre que le terme « côte » était approprié. On prélève l'ovule dans l'ovaire de la femelle en ouvrant la côte, comme l'a dit Moïse quand la médecine n'était pas encore sophistiquée. On enlève le noyau dans la cellule contenue à l'intérieur et on replante le noyau retiré dans la cellule de l'autre animal ou de l'animal lui-même. Une fois la fécondation reçue, on remet l'ovule à sa place.

Donc, on appelle clone un animal généré par transfert de noyaux d'une cellule d'adulte dans un ovule vidé de son noyau. Ainsi, on ressuscite le même animal, mais modifié aussi par l'apport des éléments de la mère porteuse.

Par cette expérience, on serait tenté de dire qu'Adam n'était pas qu'homme quand il fut créé seul, car le nouvel être ne peut croître que dans l'utérus avant sa naissance. Mais je ne vais pas en faire un débat dans mon livre.

Selon le discours du Rév. S.M. Moon « Vraie famille et vrai univers centrés sur l'amour vrai », 99 999 pour cent de l'existence du bébé provient des os, du sang et de la chair de sa mère, en combinaison avec les 0,001 pour cent du sperme de son père. Voilà pourquoi les ancêtres africains, bien que ne connaissant pas la science moderne, incrimine plus la femme en cas d'infertilité du couple. L'homme semant la graine et la femme étant la terre fertile qui apporte tous les éléments nutritifs. L'infertilité de l'homme étant un phénomène relatif.

Ce qui est troublant avec la création d'Ève, c'est qu'Adam, étant du sexe masculin, avait un chromosome X et un Y; Ève avait deux X. Ceci montre que toutes les informations génétiques nécessaires à la création d'Ève se trouvaient dans Adam. Donc Ève pouvait être formée à partir d'Adam, mais Adam ne pouvait pas être formé à partir d'Ève.

En effet, une femme qui se reproduirait par parthénogenèse, c'est-à-dire sans le concours du spermatozoïde, n'aurait que des filles. Donc, l'élément porteur de la seconde vie a été tiré par Dieu dans l'être porteur des deux chromosomes différents. Et Moïse s'est limité par là en disant tout simplement que même Adam, en pleine anesthésie, a ignoré complètement ce qui s'est passé. Lisons :

Ge 2 : ***21*** « *Alors l'Éternel Dieu fit tomber un profond sommeil sur l'homme, qui s'endormit; il prit une de ses côtes, et referma la chair à sa place.* »

Il est de la nature de chacun d'aller à la recherche de ce qu'il a perdu, de ce qui le rend incomplet - le sexe opposé. À la vue d'Ève, Adam s'exclama :

« *Voici cette fois celle qui est os de mes os et chair de ma chair* » *(Ge 2 :23).*

Si la femelle avait été créée indépendamment du mâle, sa présence serait indifférente au mâle. Ainsi, quelle que soit la puissance ou la richesse que possède un individu, il ne peut vivre heureux et dans le bonheur qu'en étant à côté d'un partenaire de sexe opposé qui est la réponse de son cœur. D'où le verset biblique :

Pr 18 : 22 « *Celui qui trouve une femme trouve le bonheur; C'est une grâce qu'il obtient de l'Éternel* »

Mais, le Roi Salomon s'est plaint en disant que sur mille femmes, il n'en a trouvé aucune qui était porteuse du bonheur, c'est-t-à dire qui pouvait faire le bonheur d'un homme. Mais sur mille hommes, il en a trouvé au moins un qui pouvait faire le bonheur d'une femme. Peut-être que si Salomon était allé jusqu'au niveau des mille et une, il aurait pu trouver la femme qui méritait l'attribut de femme. La Bible dit que trouver une telle femme est une grâce de l'Éternel (Pr 18 :22). C'est pour dire tout simplement que c'est très, très difficile d'en trouver une.

Si tel est le cas, alors pourquoi c'est marié ? Tel fut la question que les disciples de Jésus lui posèrent. Où en d'autres termes pourquoi c'est divorcer si la prochaine ne fait pas partie de l'exception de mille ?

C'est aussi une grâce pour ceux qui lisent mes livres afin de découvrir des versets dont ils ne soupçonnaient pas l'existence. Lisons :

Ecl *7 : 27 Voici ce que j'ai trouvé, dit l'Ecclésiaste, en examinant les choses une à une pour en saisir la raison ;28 voici ce que mon âme cherche encore, et que je n'ai point trouver. J'ai trouvé un homme entre mille ; mais je n'ai pas trouvé une femme entre elles toutes.29 Seulement, voici ce que j'ai trouvé, c'est que Dieu a fait les hommes droits ; mais ils ont cherché beaucoup de détours.*

Mt 19 : 10 « Ses disciples lui dirent : Si telle est la condition de l'homme à l'égard de la femme, il n'est pas avantageux de se marier.

Le premier verset est pour spécifier que Dieu n'a rien à voir avec les caractères pervers des hommes (et des femmes), de ce qu'ils en font de leur libre arbitre. Jésus par contre ne nia non plus la conclusion des apôtres au second verset.

Une autre raison concernant les termes « une partie de ses côtes » (Ge 2 :21), est que la côte serait le seul os humain qui se régénère et dont on peut faire un autre organe, par exemple un crâne naturel. Par-là, on voit l'intelligence de Moïse.

6.3. La face cachée de l'histoire de la création de la femme

Jusque-là, nous avons parlé de la création de la femme selon la Bible. Mais, à y regarder de près, nous constatons que cette histoire cache une énigme dont nous voulons lever l'option.

Quand on se pose la question de savoir pourquoi l'homme fut créé seul, selon la Bible, alors qu'il fut la dernière créature, on aboutit à la conclusion que cette situation a eu lieu bien avant sa formation et que cela ne concerne pas directement les êtres humains. Si Dieu avait fait le constat, à la fin de la création seulement, qu'il manquait le sexe opposé à l'homme, c'est qu'il aurait dû tout recommencer à partir de l'homme jusqu'aux êtres microscopiques. Or, la création de l'homme clôtura le travail de Dieu selon qu'il est écrit.

Ge 1 : 26 Puis Dieu dit : Faisons l'homme à notre image, selon notre ressemblance...

1 : 27 Dieu créa l'homme à son image, il le créa à l'image de Dieu, il créa l'homme et la femme.

Ge 1 : 28 Dieu les bénit, et Dieu leur dit : Soyez féconds, multipliez, remplissez la terre, et assujettissez-la.

Ge 1 : 31 Dieu vit tout ce qu'il avait fait et voici, cela ***était très bon****. Ainsi, il y eut un soir, et il y eut un matin : ce fut le sixième jour.*

Ge 2 : 1 Ainsi furent achevés les cieux et la terre, et toute leur armée. 2 : 2 Dieu acheva au septième jour son œuvre, qu'il avait faite : et il se reposa au septième jour de toute son œuvre, qu'il avait faite.

Comme on le voit, au chapitre I, tous les processus de la création se sont passés à la perfection, clôturer par les termes « **très bon** ».

Alors que nous renseignent les détails du chapitre deux, dans lequel Dieu aurait constaté qu'il manquait quelque chose à l'homme.

En effet, pour expliquer une situation, Moïse devait se servir, comme illustration ou cas de figure, des choses visibles en tenant compte du niveau intellectuel des gens de son époque. À travers ce schéma de la Genèse, Moïse voulait nous enseigner que le premier organisme vivant, sans sexe prédéfini, avait une prédominance mâle avant de se dupliquer en deux sexes. Moïse ne pouvait utiliser que les noms d'homme ou Adam à la place de mâle, et de femme ou Ève à la place de femelle. D'où la phrase :

Ge 2 : ***18*** *« L'Éternel Dieu dit : Il n'est pas bon que l'homme soit seul; je lui ferai une aide semblable à lui ».*

J'avais déjà dit que le chapitre deux de la Genèse est une illustration scientifique de la création. N'eut été cela, j'aurais eu beaucoup de difficultés pour convaincre les savants sur l'omniscience de Dieu en ce qui concerne la formation des êtres vivants, vu que celle de l'Univers est claire.

En effet, Moïse aurait été pris pour un fou d'exprimer le sentiment d'une bactérie ou d'un animal qui voit son opposé, par la phrase « celle-ci est os de mes os, chair de ma chair » (Ge 2 : 23). Prenons un animal mâle et gardons-le en solitude. Apportons-lui après, sa femelle. La façon dont il va sautiller après avoir surmonté son égoïsme, démontrera cette phrase de Moïse, quoiqu'il ne puisse l'exprimer verbalement. À travers cet éclaircissement, on comprend pourquoi Moïse a pris comme cas de figure « l'Homme ».

Tout comme au départ on parlait d'un seul continent; « la Pangée », qui s'est subdivisée en plusieurs continents, il appartient maintenant à la science de rejoindre la Bible en étudiant à quel cycle de l'évolution cette séparation de sexes est intervenue et pourquoi Moïse a parlé de l'ouverture d'une côte. C'est une orientation pour la recherche. Désormais, la Bible devient un livre qui, à partir de la publication des livres de la collection « Les Versets des Savants », commence à donner aux chercheurs de la matière à réflexion ayant une portée scientifique. Revenons pour cela au début de l'évolution.

En effet, comme tous les êtres vivants, les bactéries sont composées à 95 % de quatre éléments naturels : le carbone, l'hydrogène, l'oxygène et l'azote. (Cfr : J.B. Veyrieras, Science&vie Hors-Série n° 288, 09/2019).

En quelque sorte, elles ne sont que nos microcosmes et tout devrait être décrit à partir d'elles pour comprendre la face cachée de l'histoire de la création du sexe opposé à partir d'un seul être.

Ainsi, pour lever cette énigme on doit recourir aux sexes des premiers être créés c'est-à-dire les bactéries et les cyanobactéries. Quand j'étais arrivé à cette conclusion, je ne savais pas la surprise qui m'attendait en lisant l'article ci-dessous :

« *Les cyanobactéries sont apparues assez tôt dans l'histoire de la Terre, alors que les conditions n'étaient pas encore favorables aux formes de vie que l'on connaît aujourd'hui. Ils n'ont pas de reproduction sexuée même si on a connaissance de certains échanges de génomes. Leur seul moyen de reproduction est la bipartition. La bipartition, au sens général aujourd'hui peu usité, exprime la séparation de quelque chose en deux parties, lesquelles, ensuite, continuent d'exister indépendamment.* ».
(Cfr : futurascience.com/planètes/définitions/botanique-cyano bactérie-122/")

Donc, l'histoire de clonage de la femme était pour nous montrer que les premiers êtres vivants ont commencé sans sexe prédéfini, en se multipliant par la bipartition avant de se dupliquer en deux en franchissant différentes étapes, passant d'asexués à sexués. Cette bipartition, selon ma compréhension du verset Biblique, se faisait par la côte.

En voici un exemple :

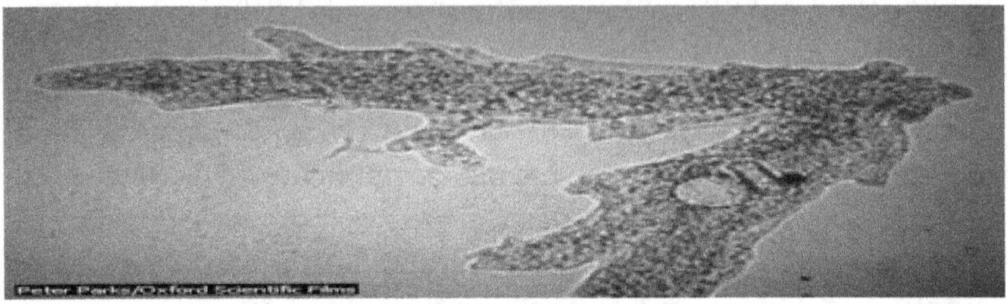

Amibe en cours de division

La reproduction asexuée par simple division cellulaire permet aux organismes formés d'une cellule unique, telles les amibes, de se multiplier rapidement quand les conditions sont favorables. Dans ce mode de reproduction appelé scissiparité, la cellule « mère » se divise en deux cellules « filles » identiques. PeterParks/Oxford Scientific Films

Microsoft ® Encarta ® 2009. © 1993-2008 Microsoft Corporation.

Cette mode d'autoreproduction de premiers organismes est appelée La reproduction asexuée. Elle peut se faire par 3 modes qui confirment l'utilisation du mot « côte ».

1) l'individu se sépare littéralement en deux pour produire deux individus identiques et de même taille ;

2) un bourgeonnement au cours duquel une extension de l'organisme se sépare et produit un nouvel individu ;

3) une ou le parent multinucléé se divise en plusieurs cellules de taille semblable.

(Cfr :.http//simulum.bio.uottawa.ca/bio2525/Notes/les-Protozoaires.htm")

Voici les principales parties d'un protozoaire

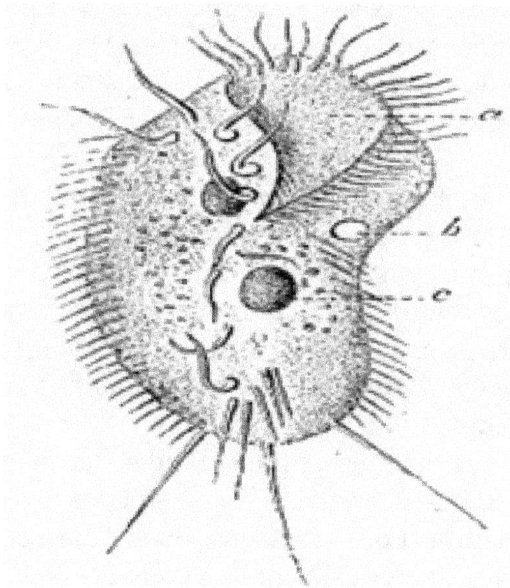

Un infusoire cilié : la Stylonichie moule.
a, péristome. - b, vacuole. - c, noyau

Nous lisons ceci :« *Le noyau sert en général, comme dans toute cellule, à assurer principalement les fonctions de multiplication et de reproduction* ».
(Cfr : http ://www.cosmovision.com/protozoaires.htm").

Quand nous voyons l'emplacement du noyau dont on ne peut atteindre qu'à partir de la cote, nous déduisons que ce nom était effectivement justifié par Moïse par rapport aux autres organes du corps. Relisons :

Ge 2 : « *21 Alors l'Éternel Dieu fit tomber un profond sommeil sur l'homme, qui s'endormit; il prit une de ses côtes, et referma la chair à sa place. 22 L'Éternel Dieu forma une femme de la côte qu'il avait prise de l'homme, et il l'amena vers l'homme* ».

Comment les choses se passèrent-elles de deux identités à la sexuée ? Moïse dit que Dieu dut retirer une côte de l'homme pour une évolution vers deux sexes dans les êtres vivants. Il n'y a pas que pour l'homme que la femme est chair de la chair. Même pour les animaux de la même espèce, la femelle est aussi de la chair du mâle. Donc, les choses ont dû commencer dès avant la création de l'homme.

L'homme était la sommation de tout ce qui fut créé avant lui, c'est-à-dire un cosmos en miniature qu'on qualifie de microcosme. Il fut considéré par Moïse comme un cas de figure pour faire comprendre à ses contemporains ce que fut le début de l'histoire des êtres vivants, car, comme je l'ai dit dans le texte, ce ne sont que les sentiments de l'homme et sa voix qu'on peut exprimer par écrit.

Donc, l'une des deuxièmes plus grandes découvertes pour les biologistes, c'est que le premier être n'avait pas une classification sexuelle bien définie. Pour cela, nous sommes descendus jusqu'au niveau des cyanobactéries et nous avons découvert qu'elles se multipliaient par bipartition, confirmant la Bible.

Même en parlant du profond sommeil auquel Dieu soumit l'homme pour l'opérer, cela n'est pas à confondre avec nos sommeils naturels. C'est plutôt le temps que cela a pris pour passer de l'asexué aux deux sexes possédant chacun son identité.

Pour ceux qui pensent encore au clonage humain, la science a reconnu qu'il est matériellement très difficile à concevoir et cela à cause du nombre important des ovules matures que cela exige, alors que la femme en a un nombre limité. Nous avons utilisé le mot « difficile », car rien n'est impossible contre la mauvaise ingéniosité de l'homme, que Dieu a établi comme étant le seigneur de la création (Ge 1 : 28).

Quand on ne sait pas expliquer pourquoi un ananas planté dans une même plate-bande avec un poivron (piment) ont des goûts différents, alors nous devrons accepter les limitations de nos pensées sans toutefois nier la recherche de la connaissance générale.

Chapitre VI : L'accomplissement des prédictions du Modèle Cosmologique Universel

Le récit biblique de la création, appelé le Modèle Biblique en cosmologie, restitué dans le Modèle Cosmologique Universel dans le langage actualisé, date de XVe siècle avant J.-C. Un modèle cosmologique n'est pris en compte que si ce qu'il prédit est attesté dans les théories et les observations. Le développement fulgurant de l'astrophysique à partir du XXe siècle de notre ère permets de confirmer le Modèle Biblique tel que restitué dans la Modèle Cosmologique Universel

Section 1
L'avant Big-bang

1.1. Une terre informe et vide

Ge 1 : 2« *La terre était informe et vide* »

Une terre informe et vide, tel est ce que le schéma biblique prédit pour le début de l'Univers. Scientifiquement, cela voudrait dire que l'Univers a commencé dans un vide. Je croyais que j'étais le seul à défendre ce point de vue dans le Modèle Cosmologique Universel, mais quelle ne fut pas ma surprise en découvrant que cela faisait aussi partie du Modèle des cordes.

Donc, l'intégration du Principe d'incertitude dans le Modèle des cordes permet d'expliquer l'évolution de l'Univers de l'avant Big-bang d'une manière scientifique telle que développée littéralement dans le Modèle Cosmologique Universel.

1.2. Les ténèbres et l'abîme

Ge 1 : 2 « *La terre était informe et vide : il y avait des **ténèbres** à la surface de **l'abîme*** »

1.2.1 Les ténèbres

L'Univers est ténébreux comme le stipule le schéma biblique. Dans le paradoxe d'Olbers, Heinrich Wilhelm Olbers (1758-1840), physicien et astronome allemand, s'était posé la question, pourquoi l'Univers est ténébreux. En 1826, il examina un problème déjà commenté auparavant par des penseurs : si l'Univers est infini et homogène, avec des étoiles dans toutes les directions, le ciel nocturne doit être uniformément illuminé. Cette observation, appelée le paradoxe d'Olbers, fut résolue, selon les scientifiques, lorsqu'on découvrit que l'étendue de l'Univers observable est limitée probablement à un rayon de 20 milliards d'années-lumière. *(Cfr:« Olbers, Heinrich*

Wilhelm Matthaus »Microsoft® Encarta® 2009 [DVD]. Microsoft Corporation, 2008).

Dans le cadre du Modèle Cosmologique Universel, nous pouvons ajouter que l'expansion de l'Univers, selon la science, se fait à une vitesse plus grande que la vitesse de la lumière. Ainsi, l'Univers étant naturellement ténébreux, selon le schéma de la création biblique, sa grande dimension ne permet pas aux étoiles qui naissent et meurent de combler ce fossé, qui ne fait qu'augmenter, ni de l'illuminer.

En plus, nous avons dit que l'expression « les ténèbres bibliques » fait aussi référence à une énergie qui ne peut être que l'énergie noire.

1.2.2. L'abîme

L'Univers est issu du chaos, telle est la conclusion des philosophes. Mais en sciences physiques, on parle plutôt du vide et de l'effondrement créant soit le trou noir pour les uns, ou bien la déformation du tissu de l'espace-temps par la condensation des particules, selon le Modèle des cordes. Telle est la structure commune pour tous ceux qui raisonnent sur l'Univers d'avant Big-bang. Ceci est prédit aussi dans le schéma biblique à travers le verset « il y'avait les ténèbres dans la surface de l'abime » (Gn 1 :2).

1.2.3. Un vent de Dieu ou un esprit de Dieu

Ge 1.2 « ... *l'esprit de Dieu se mouvait au-dessus des eaux...* »

Reconnaitre qu'il y a eu un avant Big-bang, c'est reconnaitre qu'on avait affaire à un Univers dynamique. Ce dynamisme se déroulait au niveau des particules, comme l'attestent le Modèle des cordes et le schéma Biblique. Cela est rapporté dans la Bible par la phrase « Un vent de Dieu se mouvait au-dessus des eaux » (Bible Version Jérusalem).

Selon le Modèle Cosmologique Universel, ce dynamisme était caractérisé par la déflation cosmique jusqu'à ce qu'on ait abouti à l'Univers condensé. La température uniforme du fond diffus cosmologique dans toutes les directions du ciel confirme qu'à un certain moment de son évolution, toutes les directions ont bénéficié d'une même chaleur. Cela est possible dans le cas d'un Univers condensé qualifié de l'eau par la Bible et de l'atome originel par le savant belge Georges Lemaître.

1.2.4. Et, la lumière fut

Ge 1 : 3 « *...Dieu dit : Que la lumière soit ! Et la lumière fut* ».

Le confinement entraine le réchauffement de la matière. Durant la période d'avant Big-bang, la situation était caractérisée par une déflation de l'Univers provoquant des collisions particules - antiparticules. C'est aux astrophysiciens d'étudier et de nous dire ceà quoi on a abouti, jusqu'à ce qu'on arrive à l'Univers condensé.

Durant le cycle de condensation, c'est avec une chaleur extrême que s'est produite la lumière dont la Bible parle « Dieu dit : Que la lumière soit et la lumière fut ».

Cela peut être comprise par cette loi de la physique : « *Selon les lois de thermodynamique, cette contraction (de la matière quelque part dans le cosmos) s'accompagne nécessairement d'une importante élévation de température en son centre et d'un fort dégagement d'énergie lumineuse. (Cfr : Ciel&Espace n°370, Mars 2001. Les feux du ciel, P.64, par Leila Haddad.)*

Le savant Roger Penrose, dans son modèle des univers cycliques, a expliqué l'émergence d'une lumière avant le Big-bang, qualifiée de « *rayon lumineux incident* », tout en ignorant le schéma biblique de la création. Nous présentons ici ce schéma, complété de nos commentaires indiqués par les flèches.

Diagramme de l'espace-temps de Minkowski (Diagramme de Penrose : Chaours.rv.pagesperso.orange.fr/physique/Stars/Black/penrose.htm).

Après Big-bang Rayonnement fossile ou réapparition de la première lumière

Univers condensé

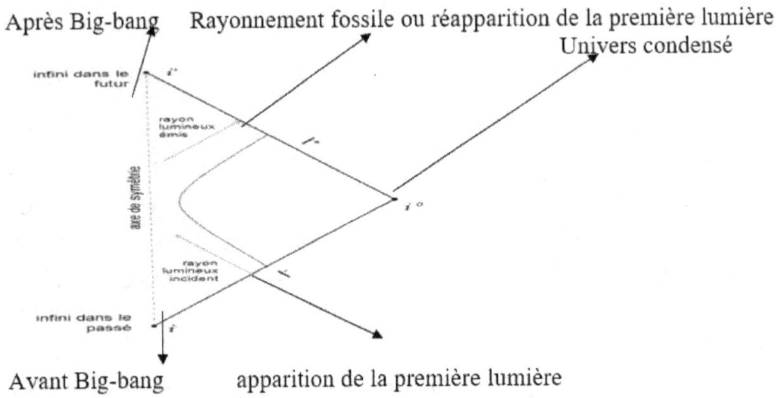

Avant Big-bang apparition de la première lumière

Ge 1 : 3 « *Dieu dit que la lumière soit et la lumière fut* » Avant Big-bang ou première lumière

Actuellement, nous pouvons dire que c'est cette lumière qui fait partie, à ce jour, du fameux rayonnement fossile.

Étant confinée à l'extrême, au point ***I***°, même la lumière n'a pu s'échapper. Ce n'est qu'après le Big-bang, soit 380 000 ans plus tard, que cette lumière a pu réapparaitre sous le nom de « *rayon lumineux émis* ».

Toutes les hypothèses, évoquées jusque-là, d'une lumière qui a pris naissance par la recombinaison, ne peuvent tenir debout car si tel était le cas, cette lumière devrait s'activer avec les nombreuses supernovæ que connait l'Univers et ne devrait plus demeurer, à ce jour, dans une valeur statiquement uniforme dans tous les coins de l'Univers. Si c'est par la recombinaison des atomes après le Big-bang, elle devrait déjà disparaitre. C'est en pensant à une explosion de l'Univers condensé que Georges Gamow a dû la prédire.

Moïse avait qualifié cette lumière de « Jour » pour démontrer son caractère éternel, empêchant ainsi l'Univers de sombrer dans un zéro absolu par un mécanisme physique qui n'est pas encore détecté dans la théorie.

Plusieurs astrophysiciens ont déjà émis l'hypothèse que l'instabilité constatée dans l'image du fond cosmologique, avec des taches qu'on n'arrive pas à expliquer, pouvait provenir de l'avant Big-bang.

1.2.5. Et la lumière se sépara des ténèbres

Ge 1 : *4 « Dieu vit que la lumière était bonne; et Dieu sépara la lumière d'avec les ténèbres ».*

Pour le commun des mortels, cette phrase ne mérite même pas une méditation, mais ce n'est pas la même chose pour un astrophysicien. Dans la vie courante, dès que la lumière apparait, les ténèbres disparaissent. Or, ici, dans l'émergence de la lumière, il y a eu une interaction avec les ténèbres, démontrant qu'on était en face de deux énergies qui agissaient différemment ou qu'il y avait un troisième élément, invisible aussi, qui séparait les deux. C'est ainsi que nous avons dit aussi que la matière noire trouve sa source dans l'avant Big-bang.

Nous étions surpris de constater qu'un astrophysicien, à savoir M. **Tommi Tenkanen**, de l'Université Johns-Hopkins, a émis la même hypothèse, en termes scientifiques, que nous pouvons lire :

« *Si la matière noire était vraiment un vestige du Big Bang; dans de nombreux cas, les chercheurs auraient déjà vu un signal direct de la matière noire dans différentes expériences de physique des particules* ». (Cfr : trustmyscience.com/nouvelle-etude-matiere-noire-plus-ancienne-que-big-bang/.par Stéphanie Schmidt, le 9 août 2019.)

Par conséquent, il a déduit tout simplement que la matière noire devrait être issue de l'avant Big-bang.

Pour nous, cet article scientifique confirme aussi le Modèle Cosmologique Universel et appelle désormais les chercheurs à s'y pencher.

Donc, notre appui sur l'existence de l'énergie noire et de la matière noire, nous vient du Modèle biblique et non des arguments des scientifiques. Même en disant que l'Univers a commencé dans le vide, nous l'avons découvert premièrement dans la Bible et nous l'avons appuyé, avant que je ne découvre cela dans le Modèle des cordes.

Comme je l'ai dit, ce verset est méditatif pour les astrophysiciens et constitue une piste de recherche qui peut nous en apprendre plus sur la matière noire et l'énergie noire.

Section 2
Le Big bang

Ge 1 : 6 « *Dieu dit :Qu'il y ait une étendue entre les eaux, et qu'elle sépare les eaux d'avec les eaux* »

Ce verset nous fait voir qu'on avait affaire à quelque chose d'unique appelé les « eaux » et qui devrait être séparé.

C'est vers les années 1920 à 1930 qu'a germé l'idée d'un Univers ayant commencé comme un atome avant de connaitre l'expansion. Les auteurs de cette théorie furent le physicien russe Alexander Friedmann et simultanément l'abbé astronome Georges Lemaître. Leur prédiction est brillamment confirmée en 1929 par les observations de galaxies lointaines, réalisées par l'astronome américain Edwin Hubble.

Mais il a fallu attendre la théorie élaborée par le physicien américain d'origine russe George Gamow, dans les années 1940, avant d'obtenir une description physique des premiers instants de l'Univers, prédisant une phase primordiale extrêmement dense et chaude qui a incité Hoyle à lui donner, de façon ironique, le nom de Big bang. *(Cfr : « Big bang, théorie du. » Microsoft® Encarta® 2009 [DVD]. Microsoft Corporation, 2008).*

L'expansion de l'Univers, le rayonnement 3 K du fonds diffus cosmologique et la possibilité d'expliquer la présence des éléments légers ont souvent été présentés comme les trois preuves du big-bang...

Pour parler de Big-bang, Moïse a utilisé le terme « séparation des eaux ». Quand dans l'avant Big-bang, celle-ci était en train de se contracter par une force gravitationnelle entraînant la déflation de l'univers, il disait « *un vent de Dieu se mouvait sur les eaux* » (Ge 1 : 3). Après sa contraction à l'extrême et avant de reconnaitre le rebond, il dit « *Dieu dit : Qu'il y ait une étendue entre les eaux, et qu'elle sépare les eaux d'avec les eaux* » (Ge 1 : 6).

Et après qu'il ait Big-bang, il dira « *Et Dieu fit l'étendue, et il sépara les eaux qui sont au-dessous de l'étendue d'avec les eaux qui sont au-dessus de l'étendue. Et cela fut ainsi » (Ge 1 : 7).*

Et, après le Big-bang, lors de la formation de la matière, il conclura par dire : « *Dieu dit : Que les eaux qui sont au-dessous du ciel se rassemblent en un seul lieu, et que le sec paraisse. Et cela fut ainsi. (Ge 1; **9**). Dieu dit : Qu'il y ait des luminaires dans l'étendue du ciel, pour séparer le jour d'avec la nuit; que ce soient des signes pour marquer les époques, les jours et les années* ***(Ge 1 : 14) »***.

Donc, tout fut formé à partir de la matière dont il a qualifié à l'origine de l'eau. Cela démontre la plus grande preuve du Big-bang comme l'ont constaté les scientifiques à travers cette citation : *« De plus, les observations montrent qu'à grande échelle, la matière est répartie de façon plutôt homogène. (Cfr : Ciel&Espace n°370, Mars 2001, serge Jodra. P .43).*

Les observations réalisées sur la composition de la matière dans l'Univers et la découverte du rayonnement fossile, sont venues confirmer cette théorie du Big-bang qualifiée par la Bible de la « séparation des eaux d'avec les eaux ».

Section 3
L'après Big-bang

3.1 La formation du système solaire

Ge 1 : 9 « *Dieu dit : Que les eaux qui sont au-dessous du ciel se rassemblent en un seul lieu, et que le sec paraisse. Et cela fut ainsi.*
10 *Dieu appela le sec terre, et il appela l'amas des eaux mers. Dieu vit que cela était bon.* ***13*** *Ainsi, il y eut un soir, et il y eut un matin : ce fut le troisième jour.*

Ge 1 : 14 « *Dieu dit : Qu'il y ait des luminaires dans l'étendue du ciel, pour séparer le jour d'avec la nuit ; que ce soient des signes pour marquer les époques, les jours et les années;* ***15*** *et qu'ils servent de luminaires dans l'étendue du ciel, pour éclairer la terre. Et cela fut ainsi.* ***16*** *Dieu fit les deux grands luminaires, le plus grand luminaire pour présider au jour, et le plus petit luminaire pour présider à la nuit ; il fit aussi les étoiles.* ***19*** *Ainsi, il y eut un soir, et il y eut un matin : ce fut le quatrième jour.*

Le Système solaire est un système planétaire formé par le Soleil et les corps célestes qui gravitent autour de lui, telles que les huit planètes, dont la Terre. Avant qu'on aille découvrir leur âge et les matières qui les composent, en cosmologie, ces versets bibliques étaient comme une prédiction et c'est moi qui le dis. La science, sans les prendre en considération, a découvert que toutes les planètes du système ont la même composition. Les mêmes matières, qui sont en fusion et sous forme de plasma dans le Soleil, se retrouvent sur la Terre et sur d'autres planètes sous forme solide, liquide et gazeuse.

Moïse qui, à son époque soit 1500 ans av. J.-C., n'avait pas les appareils pour comprendre la composition du Soleil et des étoiles, a prédit quelque chose de très grand en disant que c'est la même matière, qu'il qualifia de l'eau, qui s'est séparée dont celle du dessous a servi à la création de la Terre et celle du dessus à la création des luminaires. Si pour les croyants cela fait partie de la foi, à ce jour aucun astrophysicien ne peut plus mettre en doute cette prédiction, appelée prophétie en religion.

L'autre plus grande prédiction concernant toujours le système solaire est l'âge des astres qui s'y trouvent. Toute la matière qui a formé les astres du système solaire a, selon les prédictions de Moïse, été projetée au même instant, mais compte tenu de l'évolution de chacun des astres dans leurs orbites, c'est la Terre, comme il l'a dit, qui s'est formée avant, soit à la troisième étape et les autres à la quatrième.

Il est attesté à ce jour que le système solaire date d'il y a environ 5 milliards d'années et que la Terre aurait un âge de 4,6 milliards d'années ; soit légèrement supérieur à celui du Soleil qui est de 4,5 milliards d'années. Toutefois, il y a des sources qui donnent au Soleil un âge un peu supérieur, mais cela n'a pas d'importance, d'autant plus que le système solaire les situe tous à 5 milliards d'années. Tout ceci constitue des preuves des prédictions du modèle biblique restitué dans le Modèle Cosmologique Universel.

3.2. L'apparition des êtres vivants

3.2.1. Des algues aux oiseaux

Ge 1 : 20 *Dieu dit : Que les eaux produisent en abondance des animaux vivants, et que des oiseaux volent sur la terre vers l'étendue du ciel.* **23** *Ainsi, il y eut un soir, et il y eut un matin : ce fut le cinquième jour.* »

La vie a germé dans l'eau et aucun savant ne peut plus le mettre en doute. Ceux qui va étonner tout le monde et que j'ai développé au Tome II, c'est le fait que Moïse a clôturé cette première ère de l'apparition des êtres vivants par les oiseaux avant que n'intervienne la fin brusque des dinosaures qui a marqué le début du développement des mammifères. Peut-on classer les dinosaures dans cette ère ? Lisons pour cela la description de la biochimiste et biologiste Linda Gamlin :

« L'apparition de la vie sur terre s'est déroulée dans des conditions très différentes de celles que nous connaissons aujourd'hui. L'air contenait peu d'oxygène, les volcans en éruption et les orages violents étaient monnaie courante. La foudre provoqua la combinaison de substances chimiques simples dans l'atmosphère, qui formèrent ensuite des composés chimiques plus complexes – les éléments de base dela vie ». (Cfr : Linda Gamlin, Les origines de la vie, éd. Artis-Historia, Bruxelles. 1989, P. 4).

Dans le documentaire scientifique « les origines de la terre », écrit par Alice Harper et Nigel Henbest, les premiers êtres furent les cyanobactéries dont on sait que certaines se sont mutées en algues végétales qui évolueront en végétaux sur la Terre et d'autres en poissons. Après les poissons vinrent les insectes volants suivis des reptiles et des dinosaures, les primates et enfin l'homme.

Cette classification scientifique va des pairs avec ce que Moïse a écrit dans la Bible (Ge 1 : 20) il y a plus de 1500 ans av. J.-C. Or, à ce moment-là, il n'y avait pas l'étude de fossile. Donc, ce fut aussi une prédiction scientifique.

Selon la science, les dinosaures et les reptiles étaient les maîtres durant cette première étape de la vie. Ils seraient réellement apparus entre les premiers êtres sous-marins et les oiseaux, comme le conclura la biochimiste et biologiste Linda Gamlin :

« L'ère des reptiles s'est conclue il y a 65 millions d'années, à la fin du Crétacé, lorsqu'un grand nombre d'espèces disparut aussi subitement que mystérieusement, dont les dinosaures...La disparition des dinosaures marqua le début d'une ère riche de possibilités pour les mammifères. Ils se multiplièrent de façon spectaculaire, et de nombreuses formes apparurent » (Cfr : Linda Gamlin, les origines de la vie, éd. Artis – Historia, 1989, Brussels, Pp.14-18).

3.2.2. Des mammifères à l'homme

Ge 1 : 24 *Dieu dit : Que la terre produise des animaux vivants selon leur espèce, du bétail, des reptiles et des animaux terrestres, selon leur espèce. Et cela fut ainsi.* ***27*** *Dieu créa l'homme à son image, il le créa à l'image de Dieu, il créa l'homme et la femme.* ***31*** *Dieu vit tout ce qu'il avait fait et voici, cela était très bon. Ainsi, il y eut un soir, et il y eut un matin : ce fut le sixième jour.*

Moïse a clôturé le cinquième jour par l'apparition des oiseaux, avant qu'on entre dans le sixième jour qui va des mammifères à l'homme. Mais comment s'est fait cette transition du point de vue physique pour que cela soit aussi considéré comme une prédiction qui s'est accomplie avec la découverte des fossiles ?

Toujours selon la biochimiste et biologiste Linda Gamlin, les amphibiens ont évolué en reptiles au cours de la période carbonifère, il y a environ 300 millions d'années, et ces reptiles se sont diversifiés. Certains se mutèrent en dinosaures. D'autres dinosaures furent les ancêtres des oiseaux et des mammifères. Un fossile connu sous le nom d'Archaeopteryx, a montré comment les oiseaux ont évolué en partant des dinosaures.

(Cfr : Linda Gamlin, les origines de la vie, éd. Artis –Historia, 1989, Brussels, Pp 14-18).

3.2.3. L'homme fut formé de la poussière de la Terre

Du temps où les écrits de la Genèse ont été rédigés, soit 1500 ans av. J.-C., qui pouvait connaitre la composition ou les constituants de l'organisme humain ? Et pourtant, Moïse fut le premier à prédire que l'homme a été formé de la poussière de la Terre. Pour nous en convaincre, nous n'avons qu'à lire la composition d'un médicament multivitaminé. Tout ce qu'on cite fait partie de la composition de notre organisme et ce dernier en a toujours besoin pour sa croissance.

Les astrophysiciens ayant constaté que ces minéraux se forment dans les étoiles, concluront tous que l'homme est le produit de la poussière des étoiles. Les astrophysiciens ont recouru en amont, tandis que Moïse a recouru en aval. D'où un même langage.

Donc, du Big-bang au vivant, personne ne pourra nous questionner sur les prédictions accomplies du Modèle Cosmologique Universel. Tout ce que Moïse a prédit et qui se trouve consigné dans la Bible, s'est révélé exact avec l'apparition des preuves scientifiques.

Quant à l'avant Big-bang au Big-bang, c'est maintenant que les savants viennent de prendre effectivement conscience de sa réalité à travers la collection des livres « Les Versets des Savants » et que les théoriciens, la NASA et le CERN vont désormais s'atteler pour apporter tous les éclaircissements scientifiques liés à cette période.

Chapitre VII : Forum

J'ai sélectionné plusieurs questions liées au sujet de ce livre, qui m'ont été posées dans le site de Quora.com. À plusieurs reprises, je ne répondais que partiellement parce que je n'avais pas encore publié mes livres et je ne voulais pas dévoiler mes pensées sans soubassement.

La majorité des questions se résument autour de ce qu'il y avait avant le Big-bang. Cela démontre effectivement que les modèles établis n'ont étanché la soif des gens que d'une manière partielle. Même les théories qui ont frôlé la sphère d'avant Big-bang n'ont pas été en mesure de répondre aux attentes des gens. La science n'est pas en retard, mais elle n'a pas encore atteint la sphère où ses recherches devraient aboutir. Elle ne savait même pas ce sphère en, se limitant au Mur de Planck.

Avec l'avènement du « Modèle Cosmologique Universel », la science vient de découvrir que le Big-bang n'est qu'un ***phénomène*** transitoire qui a lieu bibliquement au deuxième jour, et que le premier jour fut aussi très mouvementé. Avec la restitution du récit de la création biblique dans le Modèle Cosmologique Universel, répondre à quelqu'un sur ce qui a été avant le Big-bang devient facile et donne même le goût de le vulgariser.

Ce n'est pas à moi d'entreprendre cette vulgarisation, car j'ai la langue de Moïse. D'où je ne peux suivre que les conseils du philosophe Gilles Dowek qui a écrit : « Ce dont on ne peut parler, il faut l'écrire ». (Cfr : Gilles Dowek, Ce dont on ne peut parler il faut l'écrire, éd. Le Pommier, Paris, mars 2019).

Ce sont les astrophysiciens eux-mêmes qui, désormais, vont commencer à faire le tour dans les différentes Églises au lieu de se cantonner au planétarium pour la vulgarisation du Modèle Cosmologie Universel. Ça n'a rien à voir avec une question de foi, mais c'est la restitution du premier livre cosmologique dans lequel l'auteur attribuait à Dieu, les phénomènes physiques qui se sont déroulés depuis la création de l'Univers. En plus, comme je l'ai dit, c'est le seul modèle qui rend très facile la compréhension de l'Univers et qu'on peut même écrire des livres pour des lycéens.

Si je fais construire un immeuble, quel que soit le nombre de ses étages ou sa grandeur, ou tout ce qui se trouve à l'intérieur, les neurobiologistes savent que dans mon cerveau la partie qu'occupe ce plan n'est qu'un grain de poussière comparé à toutes les informations que le cerveau emmagasine. Et la phrase a toujours été « voilà l'immeuble que je construis », alors qu'il a fallu beaucoup d'engins. Pourquoi ? Parce que le plan fait partie du fruit de mon cerveau et les moyens sont venus de moi.

C'est la même chose quand on dit que Dieu est le créateur de l'Univers. Mais cela ne s'est pas fait par la magie car les briques, appelées les particules, ont été bien réelles, qualifiées dans la Bible des « eaux ». Et c'est cette dernière partie qui intéresse les savants, à chacun de tirer sa déduction et de dire si c'est Dieu qui est le créateur de la première brique ou pas.

Quant à moi, vu que le fonctionnement de l'Univers respecte le principe des caractéristiques duelles de Dieu, alors j'ai abouti à la conclusion que c'est Lui qui est le créateur du cosmos. Je n'impose ma foi à personne, mais j'ai accompli mon but, à savoir celui d'arriver, dans un langage actualisé, à restituer au récit du schéma de la création biblique.

Le Modèle Cosmologique Universel apporte aussi un plus dans le modèle standard qu'il engloutit, en ce sens que personne ne pourra plus mettre en doute le Big-bang. Ce mot qui effrayait auparavant les croyants, ne sachant pas que bibliquement c'était décrit par les termes « la séparation des eaux d'avec les eaux ». Cela devient maintenant leur preuve physique pour dire que c'est

Dieu qui a créé l'Univers.

Dans ce forum, chaque question a son auteur, c'est ce qui fait qu'on peut constater parfois la répétition d'une réponse, d'une question à l'autre.

Ainsi, espérons que les réponses apportées dans ce forum, apporteront un plus sur la compréhension du Modèle Cosmologique Universel.

Section 1
De L'avant Big-bang au Big-bang

1.1. Existe-t-il quelque chose au-delà du cosmos ? Ce dernier représente-t-il l'infini ?

Le mot « cosmos » revêt deux significations :

– En science, le cosmos représente l'Univers observable et l'au-delà dont on ne sait pas encore s'il est fini ou infini. L'Univers observable est délimité jusque-là par l'horizon cosmologique situé à environ 45 milliards d'années-lumière de nous. Cela veut dire que nos appareils actuels nous ont permis de voir la lumière qui vient de cette distance et après ça, il n'y a qu'un noir profond, ou les ténèbres comme le dit la Bible. Ce sont ces ténèbres dont on ne sait pas l'étendue avec l'Univers observable, qu'on appelle les cosmos en science.

– Pour la religion, le cosmos a une autre signification. Il est dit dans la Bible que « *au commencement Dieu créa les cieux et* la terre » (Gn 1 :1). D'après la restitution scientifique du récit de la création biblique dans le Modèle Cosmologique Universel, les cieux représentent le monde spirituel et la terre l'univers. Les deux sphères prises ensemble, forment le cosmos. Donc, pour la Bible, il n'y a pas d'au-delà du cosmos.

1.2. L'Univers a-t-il été créé dans six jours comme mentionné dans la Bible ?

Comprendre la notion des temps bibliques fait partie de l'un des fondements de base pour comprendre le Modèle Cosmologique Universel. L'Univers n'a pas été créé dans six jours ordinaires comme les lisons dans la Bible. Les six jours bibliques représentent six grandes étapes lors desquelles l'Univers fut créé, du début jusqu'à l'homme. Ceci n'est pas une interprétation dans la mesure où, durant les trois premiers jours de la création, il n'y avait pas d'astres de référence pour déterminer le temps. Les astres de référence n'ont été créés que le quatrième jour ; la Bible elle-même le confirmant.

En plus, il y a un verset biblique qui dit que pour « *Dieu, un jour est comme mille ans* » (2 Pierre 3 :8). Il ne dit pas qu'un jour est égale à mille ans. Donc, une période peut prendre autant d'années et être qualifiée d'un jour bibliquement. Si c'est pour ne réaliser qu'un seul objectif, alors son accomplissement, du début à la fin, est qualifié bibliquement d'un jour. Par-là nous comprenons que ces jours ne sont pas égaux, donc ils n'ont rien à voir avec nos jours de 24 heures.

Par exemple, un seul événement fut décrit au second jour ; celui de la séparation des eaux d'avec les eaux, ou Big-bang scientifique. Même la science sait que ce temps ne dura qu'un millième de seconde. Mais étant donné que ce fut un événement capital dans l'histoire de l'Univers, même Moïse dans la Bible lui attribua un jour à part, par rapport aux autres jours où beaucoup d'événements se déroulèrent.

Donc, dès qu'une chose créée arrivait à maturité suivant l'évolution, Moïse l'intercalait par un jour. Ainsi, les six jours représentent les six grands étapes et périodes de la création de l'Univers, jusqu'à l'homme.

1.3. Y-a-t-il une chance sur sept que l'Univers ait commencé un lundi ?

Votre question fait sûrement référence à la Bible qui parle de six jours pour la création et du septième jour pour le repos de Dieu. La Bible n'a pas mentionné le mot lundi. La religion, en s'accaparant de cette notion de temps, fait que tous les chrétiens croient qu'il s'agissait des sept jours de la semaine. Mais il y a un Apôtre qui avait mis en garde cette façon de penser en disant que « *ne savez-vous pas que pour Dieu, un jour est comme mille ans et mille ans comme la journée d'hier* ? ».

Dans les livres de la collection « Les Versets des Savants », la notion des temps bibliques est largement développée. Croire que l'Univers a été créé dans sept jours relève d'une grande ignorance. Citons quelques phrases tirées du Tome I : « Pour parler des temps fixes, il faut deux astres dont l'un tourne autour de l'autre. Or, durant les trois premiers jours de la création biblique, il n'y avait pas encore création d'astres. Alors en fonction de quoi ces jours-là furent-ils fixés ?

On comprend que ce n'était pas nos jours de vingt-quatre heures, mais c'était des périodes qualifiés des jours pour marquer l'accomplissement d'une étape à l'autre.

1.4. Combien de temps a duré le Big-bang ?

Selon la science, tout s'est déroulé entre 10^{-46} secondes (10 exposant -46s) et 10^{-43} secondes (10 exposant -43s) qui marqua le début de l'inflation cosmique.

Mais ce fut un moment très important, tant pour la science que pour Dieu, à tel point que Moïse, dans la Bible, a attribué toute une journée pour cet événement. Ce fut le second jour où il parla de « la séparation des eaux d'avec les eaux ».

En effet, selon le livre « la Cosmologie selon les modèles biblique et antique » publié en juillet 2020, tout en restituant scientifiquement le récit de la création biblique, je fus le premier à découvrir que le Big-bang est bel et bien biblique et que l'avant Big-bang était une réalité substantielle.

1.5. Quelqu'un a-t-il une théorie sur ce qu'il y avait juste avant le Big-bang ?

Oui, quelqu'un a effectivement une théorie sur ce qu'il y avait juste avant le Big-bang et ça se trouve dans le Modèle Cosmologique Universel développé dans les livres de la collection « Les Versets des Savants ».

1.6. Comment décrire ce qu'il y avait avant le Big-bang ? Le Big-bang est-il le début ou la fin d'un processus ?

Le Big-bang marque effectivement la fin d'un processus, à savoir celui de l'avant Big-bang. C'est ainsi qu'il fait partie jusqu'à ce jour d'un domaine qui est encore impénétrable pour la science. La description de ce qui s'est passé avant le Big-bang est rapportée dans la Bible au premier jour de la création, restitué dans le Modèle Cosmologique en langage actualisé.

Pour un petit résumé, l'Univers qui était caractérisé par un vide au départ, a connu une décélération sur les particules originelles jusqu'à sa condensation. Quant aux phénomènes qui se sont passés entre le début de la décélération jusqu'à la condensation, cela est décrit dans la Bible au premier jour et restitué dans en détail dans les Tome I.

C'est après cette condensation extrême qu'il y a eu Big-bang dont les phénomènes qui ont suivis sont décrits dans le modèle standard ou le modèle de Big-bang, complète par le Modèle Cosmologique Universel.

Par-là, nous pouvons conclure que le Big-bang marque la fin d'un processus, qui l'avant Big-bang, et le début d'un nouveau processus qui est l'après big-bang comme le démontre ce tableau :

Eaux ——→ Eaux ——→ Eaux (Gé1-19).
(Particules originelles)-----(Univers condensé : Plasma) (Astres)

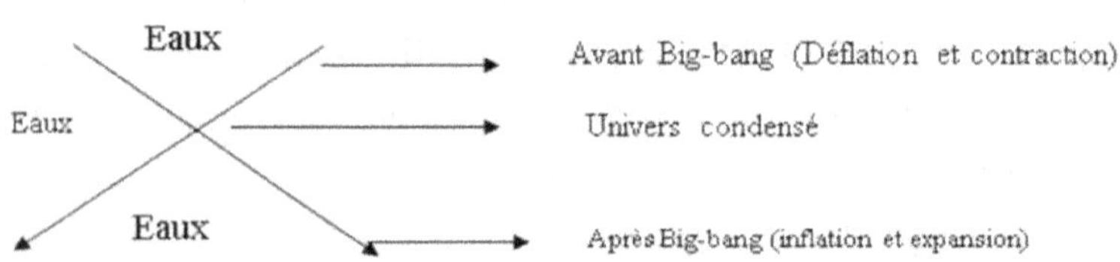

1.7. L'Univers a-t-il un début ?

L'Univers a bel et bien un début. Plusieurs modèles tendant à dire que l'Univers n'a pas eu de début ont été balayés par la science. La seule question qui reste est, à quand remonte le début de l'Univers ? Le Mur de Planck offre une barrière que la science ne peut pénétrer jusqu'à ce jour.

Faut-il recourir à la métaphysique pour étancher notre soif ? Et si on jetait un regard au premier livre cosmologique par excellence, à savoir la Bible ? C'est effectivement ce que j'ai fait. Dans mes recherches, j'ai fait une étude sur « **la cosmologie selon le modèle biblique et antique** » qui est aussi le titre du Tome I et que je continue de la développer dans d'autres Tomes.

Le résultat fut que l'Univers a eu un début qui, après le processus de la déflation cosmique, a abouti à un Univers condensé à l'extrême et c'est après que le Big-bang est intervenu.

1.8. Que savons-nous à propos du Big-bang ?

Selon le « Modèle Cosmologique Universel » dont je suis l'inventeur, et qui est le seul à retracer la situation de l'avant Big-bang à l'après Big-bang jusqu'à l'homme, le Big-bang représente une étape où l'Univers, après avoir subi une déflation dans l'avant Big-bang, s'est retrouvé condensé à l'extrême avant de subir une expansion connue sous le nom de l'inflation cosmique. Le passage de la condensation extrême à l'expansion, c'est ça qui est qualifié de Big-bang.

1.9. À part le Big-bang quelle autre théorie existe pour expliquer la création de l'Univers ?

Jusque-là, il n'y avait aucune théorie valable. Même la théorie du Big-bang n'explique pas la création de l'Univers. Le seul livre cosmologique qui explique la création de l'Univers c'est la Bible. Or, celle-ci est écrite dans un langage religieux qui est très difficile à déchiffrer. On attribue tout à la création divine sans dire les processus physiques qui ont été mis en jeux. C'est ainsi qu'une restitution scientifique de ce langage s'impose si nous voulons avancer dans la connaissance cosmologique. Celle-ci vient d'être faite par moi.

Cette restitution nous fait ressortir le premier modèle cosmologique qui explique réellement la création de l'Univers. Il s'agit du Modèle Cosmologique Universel développé dans mes précédents les livres de la collection « Les Versets des Savants ».

Toutefois, en relisant ce Tome, dans la section concernant « Le Modèle Cosmologique Universel face aux autres théories d'avant Big-bang », nous avons recensé et expliqué les théories des quelques auteurs et chercheurs qui ont raisonné sur l'avant Big-bang.

1.10. Si le Big-bang a créé l'Univers, qu'est-ce qui a créé le Big-bang et qu'est-ce qui a créé ce qui a créé le Big-bang ?

Le Big-bang n'a pas créé l'Univers. Il fut une étape transitoire dans l'Univers. Selon le Modèle Cosmologique Universel, qui est la restitution du premier livre cosmologique par excellence, à savoir la Bible, l'Univers étant créé religieusement par Dieu, et physiquement par des particules virtuelles, leur déflation, après plusieurs processus, l'a amenée à se condenser. C'est ce qui a provoqué le Big-bang qui a suivi l'instant de la condensation.

Donc, le Big-bang ne fut pas créé, mais il fut une conséquence des phénomènes physiques que la science tente à élucider.

Toujours dans la Bible, le Big-bang a eu lieu au second jour de la création et est décrit comme étant « la séparation des eaux d'avec les eaux ». Par-là, on comprend directement que le Big-bang n'a pas créé l'Univers comme certains scientifiques voulaient nous les faire croire auparavant.

1.11. Si, en théorie, avant le Big-bang il n'y avait rien, comment a-t-il pu y avoir une explosion ? Quelque chose ne tient pas... Le Big-bang n'est-il pas finalement la lecture scientifique de la création par un être supérieur qui aurait tout déclenché ?

Votre préoccupation : ce n'est pas ce qui s'est passé après le Big-bang mais, plutôt, comment est-ce qu'on est abouti par là. Vous avez raison de vous poser la question parce qu'on nous dit que la température au moment du Big-bang avoisinait 10 exposant 15 °C. Aucune chose ne peut commencer une existence à cette température-là. En conclusion, il y avait bel et bien eu un avant Big-bang.

L'étude sur ce qui s'est passé dans l'avant Big-bang est contenue les livres de la collection « Les Versets des Savants ». Pour y arriver, nous avons restitué le récit biblique de la création dans le langage actualisé donnant ainsi naissance au « Modèle Cosmologique Universel ». Cet ancien modèle, devenu nouveau, fait la restitution scientifique du récit biblique de la création. Ce modèle, qu'on peut qualifier de modèle biblique, n'est pas encore intégré par la science.

Votre deuxième volet de la question, à savoir : Le Big-bang n'est-il pas finalement la lecture scientifique de la création ? ... C'est effectivement ce à quoi ce modèle répond.

1.12. Si le temps n'existait pas avant le Big-bang, comment le Big-bang a-t-il pu avoir lieu ?

Qui a dit que le temps n'existait pas avant le Big-bang ? Ce sont des hommes comme toi dont la mathématique n'a pas pu résoudre l'impossible. Mais si vous interrogez la Bible, vous verrez bien que le temps existait. Cette interrogation a été faite durant les recherches qui ont abouti à l'élaboration du « Modèle Cosmologique Universel » ; qui restitue le schéma de la création biblique avec un langage scientifique.

Sans toutefois décrire tout le schéma, quand un verset biblique mentionne, durant la période d'avant Big-bang, « *un vent de Dieu se mouvait sur les eaux* », est-ce quelque chose d'instantané ou quelque chose qui a eu une durée ? Le Modèle Cosmologique Universel, développé dans les livres de la collection « Les Versets des Savants », nous dévoile ce que signifie l'esprit de Dieu, ou un vent de Dieu, d'une manière scientifique et ce que ces eaux représentaient. À savoir que ce phénomène a bel et bien eu lieu dans l'avant Big-bang, témoignant que le temps a aussi bel et bien existé.

Bibliquement, le Big-bang a eu lieu au second jour, connu par la phrase « la séparation des eaux d'avec les eaux ». Pour nous conformer avec la science, le Modèle Cosmologique Universel aussi pris le Big-bang comme étant l'instant zéro de notre Univers. Ceci est dû au fait que l'Univers ayant subi une déflation durant la période d'avant Big-bang, s'est retrouvé condensé à un point où le temps a cessé d'exister. Ce fut son Big-bang qui donna un nouveau départ pour notre espace-temps, ou l'Univers d'après Big-bang.

1.13. Pour le commun des mortels, avant le Big-bang, il n'y avait rien. Quelle est la conception scientifique du « rien » utilisé dans cette affirmation ?

Pour le commun des mortels, avant le Big-bang, il y avait quelque chose ; C'est ce qui a provoqué le Big-bang. Ce sont les scientifiques qui disaient qu'avant le Big-bang, il n'y avait rien. La conception scientifique du « rien » dans cette affirmation est qu'on ne peut même pas parler de l'avant Big-bang, car l'espace et le temps étant confondus, tout a démarré avec le Big-bang.

Étant donné que je fais aussi partie du commun des mortels, donc, je crois qu'il y avait effectivement un avant Big-bang. Par conséquent, votre question mérite d'être reformulée. Je regarde plusieurs documentaires scientifiques. Le commun des mortels pose toujours la question de savoir ce qu'il y avait avant et les scientifiques leur répondent « rien ». Alors, pour étancher leur soif, faut-il recourir à la métaphysique ou au premier livre cosmologique par excellence, à savoir la Bible ? C'est effectivement ce que j'ai fait.

Dans mes livres, faisant partie de la collection « Les Versets des Savants », j'ai fait une étude sur « ***la cosmologie selon le modèle biblique et antique*** » qui est aussi le titre du Tome I. Le résultat fut que l'Univers a eu un début, caractérisé par ce qu'on peut appeler scientifiquement un vide quantique ou un rien quantique ou un néant quantique.

Ce fut le Pr Lawrence Krauss de l'université d'État de l'Arizona, qui a émis la théorie du néant quantique. Tout en prétendant qu'il n'y avait rien avant le Big-bang, ce qui d'ailleurs répond à votre question, sa théorie repose sur de prétendues particules virtuelles qui naissent et meurent dans l'espace vide en quelques fractions de secondes avant qu'on arrive au Big-bang.

Toutefois, selon le Modèle Cosmologique Universel, cette interaction entre les particules a conduit à la déflation cosmique, qui a abouti à un Univers condensé à l'extrême et c'est après que le Big-bang est intervenu. Donc, le rien auquel la science fait allusion correspond à un vide quantique avec des particules virtuelles.

1.14. Quelles sont les preuves qui permettent à quiconque d'affirmer que le Big-bang a créé l'Univers ?

Il n'y a pas des preuves pour affirmer que c'est le Big-bang qui a créé l'Univers. Il fut une étape transitoire dans l'Univers. Par contre, il y a des preuves scientifiques qui démontrent que le Big-bang a eu lieu. Si les scientifiques expliquent ces preuves avec des termes compliqués tels que le fond diffus cosmologique, le récit de la création selon la Bible telle que restituée scientifiquement dans le « Modèle Cosmologique Universel », a rendu très simple cette démonstration du Big-bang dans les livres de la collection « Les Versets des Savants ».

Pour décrire le Big-bang, la Bible utilisa d'abord la phrase « la séparation des eaux d'avec les eaux » (Gn 1 : 6), démontrant qu'on avait affaire à une masse unique qui se sépara. La Bible parle de l'étendue et la science de l'expansion. Avec les eaux du dessous, les planètes se formèrent. Avec les eaux du dessus, les luminaires se formèrent. Tout cela à partir de quelque chose d'unique que la Bible qualifie de l'eau. C'est ce qui fait que les éléments qu'on retrouve sur la terre sont les mêmes qu'on retrouve sur toutes les planètes et exoplanètes, et ce sont les mêmes aussi qu'on retrouve dans les étoiles (Soleil compris) sous forme de plasmas ou de fluides. Cela démontre la preuve inéluctable qu'il y avait eu Big-bang.

1.15. Que diriez-vous à quelqu'un qui ne croit pas à la théorie du Big-bang ?

Je lui dirais qu'il n'a pas tort dans la mesure où les astrophysiciens expliquent cela avec des termes scientifiques compliqués qui ne sont pas toujours compris par les communs des mortels. Par contre, je voudrai lui aider à croire à cette théorie parles propos qui suivent.

Tout d'abord, la théorie du Big-bang postule que l'Univers a commencé par un atome originel, selon l'abbé Georges Lemaître, avant de connaitre une expansion. Si tel est le cas, les matières qu'on retrouve dans les planètes devraient aussi être les mêmes dans les étoiles.

Le récit de la création selon la Bible, telle que restituée scientifiquement dans le Modèle Cosmologique Universel, a rendu très simple cette démonstration du Big-bang. Avec les eaux du dessous, les planètes se formèrent. Avec les eaux du dessus, les luminaires se formèrent. Tout cela à partir de quelque chose d'unique que la Bible qualifie de l'eau (Ge 1 :6-14). C'est ce qui fait que les éléments qu'on retrouve sur la terre sont les mêmes qu'on retrouve sur toutes les planètes et exoplanètes. Et. Ce sont les mêmes aussi qu'on retrouve dans les étoiles (Soleil compris) sous forme de plasmas ou de fluides

Quant à savoir comment on a abouti au Big-bang et au-delà, tout est développé dans les livres de la collection « Les Versets des Savants ».

1.16. Pensez-vous que la théorie du Big-bang soit une réponse satisfaisante à l'origine de l'Univers ?

La théorie du Big-bang n'est pas une réponse satisfaisante à l'origine de l'Univers. Pourquoi ? Parce que le Big-bang ne fut qu'une étape transitoire dans l'histoire de l'Univers. La véritable histoire de l'Univers qui donne une réponse satisfaisante à l'origine de l'Univers est la restitution qui vient d'être faite dans le Modèle Cosmologique Universel, qui restitue l'histoire de la création selon la Bible. Ce modèle est développé dans les livres de la collection « Les Versets des Savants ».

Dans ces livres, c'est à partir du Tome I qu'on a retracé l'histoire de l'Univers de l'avant Big-bang jusqu'à l'homme et cela à travers une nouvelle théorie qui a pour nom « Le Modèle Cosmologique Universel ».

1.17. Pourquoi la théorie du Big-bang est-elle enseignée, si ce n'est qu'une théorie parmi d'autres ?

La théorie du Big-bang est enseignée parce qu'elle est justifiée par l'ensemble des phénomènes qu'on constate dans l'après Big-bang. En plus, elle est biblique et l'auteur des livres de la collection « Les Versets des Savants » est le premier à le constater ou à le faire découvrir au monde. C'est ainsi que bientôt les théories du « Modèle Cosmologique Universel », qui restitue scientifiquement le récit de la création biblique, vont la remplacer.

En effet, le Modèle Cosmologique Universel engloutit toutes les théories cosmologiques, replace chacune là où il fallait qu'elle soit, afin d'aboutir à la théorie du Tout.

1.18. Comment la théorie du Big-bang peut-elle être prouvée sans aucun doute ?

La preuve nous vient à partir des éléments qu'on retrouve partout dans l'Univers. En effet, la théorie du Big-bang postule que l'Univers a commencé par un atome primitif selon l'abbé Georges Lemaître, avant de connaitre une expansion. Si tel est le cas, les matières qu'on retrouve dans les planètes devraient aussi être les mêmes dans les étoiles. C'est effectivement ce que les astrophysiciens ont pu découvrir.

1.19. Pourquoi la théorie du Big-bang était si controversée au début ?

La théorie du Big-bang était si controversée au début parce que cela émanait d'un religieux, le physicien belge l'abbé Georges Lemaître. Il fut même combattu par Albert Einstein qui le critiqua d'avoir mêlé la science et la religion. Et son principal détracteur, le savant Fred Hoyle, pour se moquer de sa théorie d'atome originel, la qualifia de Big-bang.

Tout au long du 20ème siècle, des observations donnèrent raison à Georges Lemaître. Et en ce début du 21e siècle, soit 100 ans plus tard, les recherches faites par l'auteur de la collection des livres « Les Versets des Savants », prouvèrent que ce fut réellement une théorie dont l'origine est biblique. Par conséquent, le Pape Pie XII avait effectivement raison de féliciter l'abbé Georges Lemaître, malgré que ce dernier refusa pour ne pas être mal vu par les scientifiques.

1.20. Croyez-vous-en la création ou au Big-bang ?

La création et le Big-bang sont deux phénomènes différents. Qui dit création, voit le début de l'Univers, or le Big-bang est une étape transitoire dans l'évolution de l'Univers. Selon le Modèle Cosmologique Universel, le Big-bang a marqué la fin d'un processus, à savoir celui de l'avant Big-bang.

La description de ce qui s'est passé avant le Big-bang est rapportée dans les livres de la collection « Les Versets des Savants ».

Pour un petit résumé, dans ces livres, l'auteur a fait une étude sur « ***la cosmologie selon le modèle biblique et antique*** » qui est aussi le titre du Tome I. Cette étude a révélé que la création qui fut caractérisée par un vide au départ, appelé par défaut vide quantique, a connu une déflation sur les particules originelles jusqu'à sa condensation. C'est après cette condensation extrême qu'il y a eu Big-bang dont les phénomènes qui ont suivis sont décrits dans le modèle standard en partie et dans le Modèle Cosmologique Universel au complet.

1.21. Le Big-bang implique-t-il que l'Univers a eu un début ?

Le Big-bang implique réellement que l'Univers a eu un début. On nous dit scientifiquement qu'au Big-bang, l'Univers frôlait 10 exposants 15 °C. On ne peut atteindre une telle température simultanément. C'est pour dire qu'il y a eu quelque chose dans le passé du Big-bang qu'on appelle l'avant Big-bang décrite dans les livres de la collection « Les Versets des Savants »..

1.22. Qu'est-il arrivé avant le Big-bang ?

Cette réponse, vous ne pouvez pas l'obtenir dans la science actuelle. Mais dans le Modèle Cosmologique Universel, Le créateur de ce Modèle qui n'est autre que moi, a retracé la situation de l'avant Big-bang jusqu'à l'homme. Ce Modèle fait une restitution du schéma biblique de la création.

Dans ce Modèle, tel que développé dans les livres de la collection « Les Versets des Savants », on nous dit que l'Univers a commencé par un chaos, un vide, tel que décrit bibliquement par les termes « la terre était informe et vide » (Gn 1 :2) -. Quelque chose qui est informe et vide, c'est quelque chose qui est matériellement inexistant à l'œil nu. C'est comme un gaz incolore et inodore dans l'espace. C'est dans ce vide que le créateur du modèle a démontré comment les choses se sont passées jusqu'à ce qu'on ait abouti au Big-bang et cela, en faisant appel à la mécanique quantique.

1.23. Comment le Big-bang peut-être une théorie crédible si l'explosion ne peut pas venir de « rien » ?

Bientôt cette question ne se posera plus car les théories traitant de cette question viennent d'être résolues à travers le Modèle Cosmologique Universel.

Pour un petit résumé, le seul livre qui parle des phénomènes qui se sont déroulés de l'avant Big-bang jusqu'à ce qu'on aboutisse à un Univers condensé et chaud, c'est la Bible. Et puis le Big-bang est survenu. Je sais que vous avez tous ouvert grandement les yeux, mais le Modèle Cosmologique Universel, développé dans les livres de la collection « Les Versets des Savants » vient de faire une restitution scientifique de l'histoire de la création biblique et dévoilent clairement ce qui était caché durant ces périodes.

1.24. Est-ce que le vide de l'espace n'est « rien » (comme avant le Big-bang) ?

Selon le livre la Cosmologie selon les modèles biblique et antique, l'avant Big-bang est une réalité qui a commencé par un vide. Le verset suivant en fait état : « Au commencement Dieu créa les cieux et la Terre » (Gn 1 :1). Pour spécifier que ce n'était pas notre terre actuelle, la Bible dit : « La terre était informe et vide ». Quelque chose qui n'a pas de forme et qui est vide, veut dire tout simplement quelque chose qui n'a pas une existence matérielle, c'est-à-dire l'Univers à son début.

Donc, selon le livre ci-dessus, qui restitue scientifiquement l'histoire de la création biblique, tout à commencer par un vide. L'avant Big-bang, dont on dit qu'il n'a jamais existé, fut une période très mouvementée avant d'aboutir au Big-bang et à l'après Big-bang. À noter que l'auteur du livre est le premier à découvrir ces phénomènes dans la Bible.

1.25. Stephen Hawking avait déclaré qu'il n'y avait rien avant le Big-bang. Comment quelque chose peut-elle se former de rien ?

Le savant Stephen Hawking que je respecte beaucoup, fut un grand physicien. Or, un physicien ne peut se référer qu'à ce qui est mathématiquement prouvé. Où, soit il peut prédire ce qui n'est pas encore prouvé.

Mais il y a une question qu'on doit se poser : quel est le premier livre cosmologique qui a effectivement parlé de l'origine de l'Univers ? C'est la Bible. La conception biblique de la création de l'Univers a été jetée à la poubelle par tout le monde. Actuellement, cette conception vient d'être ressuscitée à travers les livres de la collection « Les Versets des Savants » par son auteur qui n'est autre que moi-même.

Les résultats que j'ai découverts sans qu'ils les sachent auparavant sont :

– L'avant Big-bang est biblique et fut une période très mouvementée.

– Le fameux Big-bang lui-même est aussi biblique.

– Et, après le Big-bang, s'en est suivi l'après-Big-bang jusqu'à la formation de l'homme intégrale.

Le schéma biblique de la création de l'Univers tel que restitué dans le Modèle Cosmologique Universel, est plus logique et cohérent que tous les modèles. Nos savants actuels n'ont pas encore atteint le niveau de Moïse, l'auteur du schéma de la création contenue dans la Bible. Ils doivent fournir des efforts et s'entourer d'humilité pour avancer dans la sphère de l'avant Big-bang.

1.26. On dit que l'Univers est apparu à partir d'un tout petit point responsable du Big-bang. Alors, à quoi ressemblait la période avant Big-bang ou pré-Big-bang ?

Selon le Modèle Cosmologique Universel qui est la restitution du schéma biblique de la création, la période d'avant Big-bang fut une période énergétique, telle qu'enseignée dans la mécanique quantique, sans toutefois que les auteurs sachent qu'ils ont décrit ce qui se passait dans l'avant Big-bang. C'est ainsi que les lois de la mécanique quantique ne collent pas avec la relativité générale. Ce fut une période très mouvementée avant qu'on aboutisse au tout petit point responsable du Big-bang.

Ce qui s'est passé durant cette période d'avant Big-bang est décrit dans les livres de la collection « Les Versets des Savants » traitant de la science.

Section 2
La gravitation

2.1. Pourquoi la force de gravité existe-t-elle ?

Tout d'abord, la gravité crée la cohésion de grandes structures. En plus, face à la pression de l'accélération de l'expansion de l'univers, la gravité empêche la destruction, en maintenant les amas unis. Si vous aviez posé la question comment la gravité est-elle créée, j'aurai pu vous répondre en vous renvoyant au Tome II de mon livre, dans le chapitre concernant « l'univers des athées ». Mais en demandant pourquoi elle existe, là vous m'envoyez à entrer dans la religion car la science n'a pas de réponses et ne traite pas de pourquoi en ce qui concerne les phénomènes naturels. Tout ce que les scientifiques connaissent c'est la manifestation de la gravité ou ses effets.

2.2. Comment créer de la gravité dans l'espace ?

La gravité fait partie de la propriété des corps, donc, on ne peut pas la créer comme ont créé une chose. En d'autres termes, ça fait partie de la propriété de la matière. Mais à travers l'équation $E=mc^2$ (E=mc au carré), on voit que l'origine de la matière remonte à l'énergie, comme le démontre le livre Universel, dans le chapitre concernant « l'univers des athées ».

Là où il n'y a pas la matière, il y a quand même l'énergie. Donc, la gravité dans l'espace se trouve dans un état énergétique (c'est une nouvelle notion développée dans le livre ci-haut cité). Pour la créer, c'est à dire pour qu'elle se manifeste, l'énergie doit se condenser à travers les différents processus, comme l'enseigne la mécanique quantique (on comprend que ce sont des grandes notions). Une fois traversée l'étape des énergies virtuelles jusqu'à l'énergie réelle et en atteignant le stade de la matière, alors la gravité commence à se manifester extérieurement. Mais cette gravité était déjà présente d'une manière énergétique dans l'espace.

2.3. Pourquoi toutes les étoiles ne se rassemblent pas en un seul point à cause de la gravitation universelle ?

Vous avez posé votre question comme si la gravitation provenait de l'Univers. Mais ce que je peux dire est que ce sont plutôt les corps à l'intérieur de l'Univers qui possèdent la gravitation. La puissance de la gravitation de chaque corps est proportionnelle à sa masse, c'est-à-dire qu'elle est limitative. Prenons le cas d'un aimant, il peut attirer les métaux qui sont proches de lui, mais il ne peut pas attirer ce qui est loin. Par conséquent, les corps dans l'Univers étant séparés par des grands gouffres, c'est difficile que tous puissent se fusionner en un seul.

En plus, il y a l'énergie sombre qui est une force répulsive qui, en faisant s'éloigner les galaxies les unes des autres, contrecarre la force gravitationnelle.

Section 3
L'Univers

3.1. Aurait-il été possible de comprendre le monde et son fonctionnement sans passer par les mathématiques ?

Dans le livre « la Cosmologie selon les modèles biblique et antique » on nous décrit comment, dans l'antiquité, le philosophe Empédocle (Ve siècleav. J.-C.) a su décrire le fonctionnement de l'Univers en partant de l'avant Big-bang, en passant par le Big-bang, en décrivant comment les structure sesont formées dans l'après Big-bang jusqu'au Big-crunch. Je me pose la question de savoir s'il était tout simplement un mathématicien à son époque ou un simple philosophe.

Il y a aussi Moïse dont nous avons restitué le schéma de la création biblique dans « le Modèle Cosmologique Universel » : comment a-t-il su faire la division des jours dans la Bible sans exploiter l'étude des fossiles et comment a-t-il découvert que l'homme est la dernière des créatures ?

En d'autres termes, il est possible de comprendre le monde et son fonctionnement dans sa globalité sans passer par la mathématique. Par contre, la mathématique s'avère importante quand on commence à faire des analyses pour comprendre l'aboutissement des résultats.

3.2. Quelle est la chose la plus puissante et destructrice de l'Univers ?

Je pense que vous parlez de la chose la plus puissante et la plus destructrice des organismes vivants ? Si tel est le cas, je vous dirai qu'il s'agit des rayonnements cosmiques le sursaut gamma. Heureusement qu'il y a le magnétisme terrestre et l'atmosphère dont Dieu a doté à la Terre et qui nous protège de cela.

3.3. Quels sont les objets astronomiques les plus étranges ?

– L'air que nous respirons. Sans le savoir, c'est cet air qui nous connecte directement à l'Univers, nous faisant un avec lui.

– Les sursauts gamma dont on ne décèle pas leurs origines. Nous allons y revenir sur ces phénomènes au Tome IV.

3.4. N'y a-t-il qu'un seul Univers ?

En nous référant au premier livre cosmologique par excellence, à savoir la Bible, nous pouvons dire qu'il n'y a qu'un seul Univers. Cette histoire de la création a été magistralement restituée d'une manière scientifique dans le Modèle Cosmologique Universel, modèle qui est développé dans les livres de la collection « Les Versets des Savants ».

Selon ses grandes lignes, l'Univers a eu un commencement qu'on appelle l'avant Big-bang, a connu le Big-bang, pour se retrouver actuellement dans l'après Big-bang. À noter que l'auteur de la collection est le premier à découvrir ces phénomènes dans la Bible.

3.5. Quel événement pourrait affecter l'ensemble de la Voie lactée ?

Les astronomes nous disent que dans 5 milliards d'années le Soleil va épuiser tout son carburant et son disque va engloutir toutes les planètes. C'est aussi l'un des événements qui pourrait affecter l'ensemble de la Voie lactée. Mais en nous référant à d'autres sources, dans 4,5 milliards d'années on nous parle qu'il y aura collision entre notre Galaxie et la galaxie d'Andromède. En faisant la soustraction, on dégage un écart de 500 000 millions d'années, c'est-à-dire qu'on retombe au moment où le compte à rebours pour la destruction du Soleil devrait déjà commencer. Donc, c'est pour dire que les terriens risquent de ne plus être là pour assister au spectacle destructeur.

Toutefois, ces prédictions sont en contradiction avec les versets suivants :

Ecl 3 : *14 « J'ai reconnu que tout ce que Dieu fait durera toujours, qu'il n'y a rien à y ajouter et rien à en retrancher, et que Dieu agit ainsi afin qu'on le craigne ».*

Ecl 1 : 4 « *Une génération s'en va, une autre vient, et la terre subsiste toujours.* »

Même si on est athée ou non croyant, ne pourrait-on pas remercier un tel Dieu qui a créé des constances que la science n'a pas encore découvertes pour l'accomplissement de ces versets ?

Ces versets ne se réalisent pas en croisant nos bras. Dieu a créé l'homme en tant que le seigneur de l'Univers. L'intelligence dont il l'a doté lui permettra de découvrir des solutions face à ces menaces de destructions massives. C'est ce qu'effectivement la NASA fait en collaboration avec d'autres centres spatiaux. Nous devrons avoir une grande reconnaissance aux travaux que font les astrophysiciens pour sauvegarder notre planète car cela fait aussi partie de la responsabilité de l'homme.

3.6. Quelles sont vos hypothèses et théories préférées sur l'espace ?

En parlant de l'espace, moi je vois plutôt l'Univers. Parfois la notion se confond auprès du commun des mortels. Mes théories préférées sont celles qui sont développées dans le Modèle Cosmologique Universel à travers les livres de la collection « Les Versets des Savants », où l'Univers a dû traverser trois phases : l'avant Big-bang caractérisé par la déflation cosmique, l'Univers condensé et l'après Big-bang caractérisé par l'inflation cosmique. Ces trois notions sont tirées dans la Bible et restituées scientifiquement dans les livres ci-dessus.

3.7. Quelles preuves scientifiques a-t-on de l'existence des mondes parallèles ?

Certains astrophysiciens pensent vraiment avoir trouvé de preuve d'un univers voisin interférant avec le nôtre. C'est le cas de la physicienne Laura Mersini-Houghton, physicienne à l'université de Caroline du Nord.

Encore une fois, pour étayer ses preuves elle recourt au fond diffus cosmologique.

En effet, En 1992, le satellite américain COBE a décelé dans la température de 3 K du fond diffus cosmologique, d'infimes variations de température, de l'ordre de quelques millionièmes de degré. Des écarts que les astronomes interprètent comme des « contrastes de densité » : certains photons auraient été émis par des régions légèrement plus denses – et donc plus chaudes – que d'autres, comme s'il s'agissait de points d'éclosion de futures galaxies. ! (Cfr : Ciel&Espace. Décembre 2002, L'univers est plat, par AzarKhalatbari ; P.37).

Pour la physicienne Laura Mersini-Hougton, cette différence des températures, dont « *l'une de ces tâches couvrent environ 10 degrés du ciel* » témoignent la présence des autres univers qui ont été créés et sont similaires au nôtre.

À noter que ce sont aussi les mêmes taches qui sont interprétées comme la signature d'avant Big-bang par certains astrophysiciens. Comme on le voit, le débat est rude si bien que la lecture du fond diffus cosmologique risque de devenir une spécialisation en astrophysique compte tenu de son enjeu. Il s'agit du seul miroir qui nous renvoie l'image de ce qui est réel, mais qu'on ne peut voir.

La lecture du fond diffus cosmologique de la physicienne Laura Mersini-Houghton, physicienne à l'université de Caroline du Nord, n'est pas soutenue par la majorité des astrophysiciens. Donc, pour votre question, je peux répondre qu'il n'y a pas encore de preuves scientifiques prouvant l'existence des mondes parallèles.

Toutefois, le Modèle Cosmologique Universel n'est contre aucune recherche, car chacune d'elles permet d'aboutir parfois à un autre résultat positif auquel on ne s'attendait pas.

3.8. Y a-t-il des preuves d'un multivers ?

J'ai appris qu'en astrophysique, on ne répond pas directement par non, car celui qui émet une idée a surement ses preuves pour la soutenir. On commence d'abord par des recherches pour comprendre et émettre la vôtre. À ce stade, si je dis non, les gens me diront que ma réponse est basée sur la foi biblique. C'est ce jugement que j'évite dans le cadre du Modèle Cosmologique Universel.

Ainsi, je préfère faire intervenir les arguments de ceux qui sont pour et de ceux qui sont contre avant d'émettre ma déduction, comme aussi mes lecteurs sont libres de le faire.

L'idée des multivers qui va parfois avec celui des univers parallèles a pris, depuis quelques années, de l'ampleur auprès des astrophysiciens. Selon ce modèle, notre Univers n'est qu'une minuscule bulle au milieu d'autres. Cette idée est soutenue pour le moment par Matthew Kleban, professeur associé de physique à l'université de New York. Sa soutenance est basée sur des formules mathématiques appuyant ses théories.

Dans le Tome II de la collection des livres « Les Versets des Savants », nous avons dit que si les univers parallèles ou multivers existaient, ils devraient déjà finir par entrer en fusion les uns avec les autres et s'autodétruire par l'échange d'énergie.

J'ai été surpris en faisant mes recherches, de constater que le même point de vue est partagé aussi par certains astrophysiciens. Mais le professeur Matthew Kleban a une autre explication si pareil phénomène se réalisait, comme nous pourrons le lire :

« *Le résultat est une vague d'énergie injectée dans notre propre bulle (notre Univers) qui se propage dans l'univers dans ce que nous appelons un 'sillage cosmique'. De nombreux objets seraient affectés par ce sillage, mais surtout le rayonnement du fond diffus cosmologique* ».

Le Professeur Matthew Kleban cherche ce sillage dans l'image du fond diffus cosmologique car, dit-il : *« il s'agit du rayonnement le plus ancien et le plus éloigné et qui a donc eu plus de temps d'être affecté par ce genre d'événement.* » Cela prouve que selon lui, cette collision a déjà eu lieu dans le passé. Or, l'évolution de l'Univers, sur quoi je fais mes recherches, ne démontre pas de preuves des objets qui ont été affectés dans le passé. Par conséquent, pour votre question, il n'y a pas de preuves d'un multivers.

3.9. Pourquoi l'Univers n'est pas blanc ?

Si vous recourez au premier livre cosmologique par excellence, à savoir la Bible, on nous dit qu'au début « *il y avait les ténèbres dans la surface de l'abîme* ». Donc, l'état initial de l'Univers fut les ténèbres. Compte tenu de son expansion, la lumière des étoiles n'arrive pas à le combler. Ainsi, dès que le Soleil disparait dans le Ciel, la partie qu'il éclairait retrouve son état de ténèbres. Et, si toutes les étoiles aussi arrivaient à s'éteindre, l'Univers retrouverait son état prédit dans la Bible, c'est-à-dire les ténèbres.

3.10. Peut-il y avoir deux théories différentes du monde, à la fois vraies et complètes ?

Je réponds à cette question en tenant compte de la Genèse de l'Univers. Toutes les théories qu'on nous propose aujourd'hui ne sont que des balbutiements. Toutefois, c'est grâce à ces théories que Dieu peut élever l'équivoque aujourd'hui.

Si tu trouves deux personnes en train de discuter sur toi, L'une soutient que tu es né par césarienne parce que tu as une grosse tête et L'autre, par contre, soutient que tu es né normalement, à qui donnerons-nous raison entre les deux ? Seule ta mère peut trancher cette question. Il en est de même des théories qu'on nous propose sur la Genèse de l'Univers actuellement. La seule vraie théorie est ce que les savants ont rejeté, à savoir la création de l'Univers selon le schéma biblique tel que restitué à ces jours dans le Modèle Cosmologique Universel et développé dans les livres de la collection « Les Versets des Savants ».

3.11. À quoi ressemble le bord de l'Univers observable ?

Le bord de l'Univers observable ressemble à un horizon ténébreux dont on ne voit plus le fond et la finalité. C'est comme quand on décrit l'horizon d'un trou noir et ses alentours en dehors du disque lumineux.

3.12. La matière noire ne serait-elle pas un agglomérat de naines noires d'un ancien Univers ? Jean-Pierre Luminet dit que les naines noires se décomposeront en radiations et les neutrinos se disperseront dans le cosmos.

Il faut d'abord qu'on découvre cette matière noire sur la base des observations ou de la mathématique exacte avant qu'on aborde les points traitant de votre préoccupation. Mais jusque-là, même dans la physique, le point concernant son existence ne fait pas encore l'unanimité. Je compte d'ailleurs offrir mes hypothèses sur cette question dans le Tome IV qui est en préparation et qui traitera des sujets faisant partie des observations mais non encore résolus par la science.

3.13. À quelle question la science n'a-t-elle pas encore répondu de façon suffisante ?

La question sur l'origine de l'Univers. Mais la Bible y a répondu sans que personne jusque-là ne sache l'interpréter. C'est ce que je viens de faire.

En effet, comme le fond diffus cosmologique nécessite des experts en astrophysique pour l'interpréter, il y a aussi, dans la Bible, certains versets à connotation scientifique que les pasteurs ou les théologiens ne peuvent interpréter. Il faut pour cela un expert de l'interprétation du langage scientifique biblique. Le seul expert jusque-là est celui qui vient de restituer le récit de la création biblique à travers le Modèle Cosmologique Universel, c'est-à-dire moi-même.

C'est dans les livres de la collection « Les Versets des Savants » que l'origine de l'Univers est largement développée et, par conséquent, l'auteur est aussi le premier chercheur autodidacte à découvrir que l'avant Big-bang et le Big-bang sont bibliques.

3.14. Est-il utile d'envoyer des hommes dans l'espace ?

Tout comme la connaissance de la France intéresse tous les Français, de la même façon l'homme est interpellé à comprendre l'Univers comme son pays. Si on ne s'y intéressait pas, aujourd'hui beaucoup de personnes seraient encore en train d'adorer le Soleil ou la lune comme dans le village d'Amazonie et de sacrifier leurs enfants comme offrandes pour qu'il pleuve.

Donc la connaissance de tous les coins de l'Univers est aussi capitale pour l'homme. Dans le livre la Cosmologie selon les modèles biblique et antique, l'auteur a fait ressortir la responsabilité de l'homme face à l'Univers quand Dieu l'a créé. Et, il ressort que l'homme a cette responsabilité de tout connaître sur l'Univers et d'y travailler.

3.15. L'Univers a-t-il une fin et un début ?

Le mot « fin » que vous utilisez revêt deux hypothèses. On ne sait pas si vous parlez de fin en tant que frontière ou de la fin de l'existence de l'Univers. J'aborde d'abord la première hypothèse. Aujourd'hui si nous savons que la terre est ronde c'est grâce à celui qui en afait le tour et est revenu au même endroit. Et puis, les satellites sont arrivés et ont pris des images confirmant cela. Quant à l'Univers, pour le moment, il n'y a aucun engin qui peut le contourner ou le photographier du dehors pour que nous puissions avoir une vision sur son étendue.

Étant donné que la vitesse d'éloignement des galaxies est supérieure à nos engins, peut-être qu'un jour, après des milliers d'années, une galaxie qui avait disparu du champ de nos télescopes à cause de l'expansion, va nous confirmer, en réapparaissant, si l'Univers a une fin.

Dans la seconde hypothèse, si votre « fin » se rapporte à la fin de l'existence de l'Univers, nous répondrons ce qui suit. Jusque-là, la science a proposé trois scénarios principaux.

1. Si l'expansion devient trop grande, elle peut casser toute la force de la gravitation et c'est l'Univers entier qui sera détruit, y compris nos cellules. Mais où iront toutes ces matières ? Elles seront là sans structure. C'est nous qui ne serons plus là.

2. Si l'expansion perd sa force et que la gravitation gagne en force, cela peut entrainer une contraction obligeant toutes les structures à se fusionner et à se fissurer. C'est le Big-Crunch ou le deuxième scénario de la fin de l'Univers. Mais où iront toutes ces matières fusionnées ? Elles seront là sans structure. C'est nous qui ne serons plus là.

3. Si l'expansion s'équilibre avec la gravitation, avec ce qu'on appelle une constance cosmologique, alors l'Univers résidera éternellement. Mais ne jubile pas car la fin du Soleil est prédite dans 5 milliards d'années, ce qui mettra fin à la planète terre.

J'avais dit au début que la science a proposé trois scénarios principaux, mais, dans la Bible, il y a un quatrième scénario qui rejoint le troisième. Nous pouvons le lire dans le verset suivant :

Ecl 3 : *14 « J'ai reconnu que tout ce que Dieu fait durera toujours, qu'il n'y a rien à y ajouter et rien à en retrancher, et que Dieu agit ainsi afin qu'on le craigne ».*

Maintenant nous pouvons aborder le paradoxe du début de l'Univers. Pour la science, personne ne peut spéculer sur l'avant Big-bang, et que le début serait le Big-bang car c'est par-là que le temps et l'espace ont pris naissance. Dans le Modèle Cosmologique Universel par contre, qui fait la restitution du récit de la création biblique, développé dans les livres de la collection « Les Versets des Savants » traitant de la science, on retrouve l'avant Big-bang, c'est-à-dire là où a réellement commencé l'Univers et les cycles qu'il a parcourus jusqu'à atteindre le Big-bang qui ne fut qu'une étape transitoire, avant d'amorcer l'après Big-bang.

3.16. L'histoire de la Terre couvre approximativement 4,5 milliards d'années. Est-ce que ce sont des années lumières ou des années terre ?

Les 4,5 milliards d'années de l'histoire de la Terre sont des années terre et non des années lumières. On parle des années lumières quand on se refaire à la distance d'un point par rapport à une autre. L'univers étant tellement grand que s'il faut traduire tous les distance en km, on aura de nombre avec plus de cinquante chiffres.

Par exemple, parmi plus d'un milliard d'étoiles déjà découvertes par de grands télescopes et satellites, la plus proche, Alpha du Centaure, se trouve éloignée de la terre à une distance moyenne de **40.398.000.000.000** des kilomètres (**40.398 milliards de km**) Ainsi pour évaluer de telle distance, les astronomes ont pris comme référence la vitesse de la lumière dans le vide qui est d'environ **300.000 km**/s. En multipliant cela par une année, on aura :

1 al = 300.000 km/s x 60 (1 minute) x 60 (1 heure) x 24 (1 jour) x 365 (1 année) = 9.460.800.000.000 km soit environ 9.461 milliards de kilomètres. Donc une année-lumière est égale à **9.461 milliards de kilomètres**.

Ainsi, pour exprimer la distance d'un astre lointain, on divise cette distance par 9.461 milliards de kilomètres, et on trouve dans sa distance qui est exprimé en année lumière. Mais quand aux valeurs chronologiques, çà n'a rien à avoir avec les années lumières.

3.17. Si toutes les matières de l'univers proviennent du Big Bang, comment expliquer la diversité des matières trouvables dans l'univers ?

C'est à travers cette question que sauras effectivement que le Big-bang fut une réalité. La diversité de matière qu'on trouve dans l'univers n'a commencé que par une seule masse qualifiée par la Bible des « eaux ». Lors du Big-bang ou de la séparation des eaux d'avec les eaux, une partie forma les planètes et une autre partie les luminaires. Ceci est pour dire que les mêmes matières qu'on retrouve dans les planètes sont les mêmes aussi qu'on retrouve dans les luminaires.

Mais, d'où est venu la diversité ? tout part de la nucléosynthèse, c'est-à-dire que c'est à partir de l'hydrogène qui signifie ce qui génère l'eau, que toutes les matières furent créées. Nous en avons expliqué les processus dans le livre.

3.18. Qu'est-ce qui est plus grand que l'Univers ?

Les astrophysiciens ont créé deux concepts pour l'univers. Quand ils parlent de univers observable, ils utilisent un "U" majuscule soit notre Univers. Donc, l'Univers avec "U" majuscule fait partie de la partie visible de l'univers et s'étend jusque-là à 45 milliards d'années lumières. C'est la distance qui sépare la terre à l'astre les plus éloigné de l'univers.

Derrière cet astre, il n'y a qu'un vide profond et ténébreux. Et, si on inclut ce vide profond et ténébreux dont on ne sait plus voir ce qui suit, alors, là on parle de l'univers avec "u" minuscule. En conclusion, nous pouvons dire que l'Univers" est inclus dans "l'univers" et sur le plan physique, rien ne plus grand que l'univers.

3.19. Pourquoi l'Univers n'est-il pas un trou noir ? Faites reculer l'Univers et observez-le devenir de plus en plus dense. Oubliez l'éventuelle singularité, à un moment donné elle doit être si dense qu'elle forme un trou noir. Pourquoi ne l'a-t-il pas fait ?

Votre question est pertinente, mais vous confondez le trou noir avec la déformation du tissu de l'espace-temps. En effet toutes déformations du tissu de l'espace-temps ne sont pas à confondre avec un trou noir. Le trou noir tout comme la masse crée cette déformation.

Donc, en faisant reculez l'Univers en arrière, on se retrouve afin de compte à une masse très dense qui va créer la déformation du tissu de l'espace-temps. Toutefois, vous avez aussi raison de parler de trou noir parce que on ne sait pas encore comment cette masse s'est comporté lors du Big Bang.

Pour les uns, le Big bang était une explosion, c'est-à-dire l'univers a vomi sa masse comme le ferait un trou noir. Dans ce cas, on pourra dire que l'Univers est sorti d'un trou noir. D'autres savants disent que ce n'était qu'une expansion comme on en voit aujourd'hui. Dans ce cas, on pourra dire qu'il ne s'agissait que d'une déformation de l'espace-temps.

Personne ne pourra affirmer avec assurance l'un ou l'autre hypothèse.

Section 4
Religion

4.1. En tant que croyant pourquoi vous pensez qu'il existe un Dieu ?

Pour un croyant, le fait que Dieu existe ne fait pas partie de la pensée mais de la réalité. Tenez, l'Univers a été créé il y a de cela plus de 13,8 milliards d'années, alors que Moïse, qui a écrit le premier livre cosmologique, n'a vécu qu'il y a de cela 3 500 ans.

Qui l'a inspiré pour écrire un schéma presque parfait de la création de l'Univers tel que restitué dans le « Modèle Cosmologique Universel » ? Ce Modèle est le premier du genre qui vient de clarifier le récit de la création biblique et prouve, par conséquent, que Dieu n'est pas tout juste une théorie, mais un Être dynamique

4.2 Dans quels livres il n'y a pas le nom « Dieu » ?

Auparavant c'était dans les livres des mathématiques. Mais les livres de la collection « Les Versets des Savants » viennent de mettre fin à cela. Avec ces livres, qui restituent mathématiquement le récit de la création biblique, Dieu vient de faire son entrée fracassante dans la science exacte depuis la création de l'Univers. Et cela est l'œuvre d'un Africain.

4.3. Dieu a-t-il créé le Big-bang ?

Tout d'abord, le Big-bang est une étape transitoire de l'histoire de l'Univers. Selon le Modèle Cosmologique Universel ; modèle qui restitue le récit de la création biblique, le Big-bang a marqué la fin d'un processus, à savoir celui de l'avant Big-bang. La description de ce qui s'est passé avant le Big-bang est décrite dans les livres de la collection « Les Versets des Savants ».

Pour un petit résumé, le Big-bang se retrouve très loin de ce que Dieu a effectivement créé, à savoir l'Univers à son début. C'est après plusieurs processus, tels que décrits dans les livres ci-haut cités, que le Big-bang est intervenu. Était-il dans le plan de Dieu ou pas ?

Prenons le cas d'un manguier ; qui a créé le tronc, la branche, les feuilles et plus tard beaucoup de mangues dans un même arbre ? C'est tout simplement d'un petit noyau qu'on a planté sur la terre que tous les processus sont issus.

Dieu n'était pas là pour dire que le Big-bang se produise, que ceci se fasse, etc. ... Toute sa volonté de ce qu'adviendrait l'Univers était déjà inscrite dans les premières particules comme dans l'exemple du noyau. Et comme cela faisait partie de sa volonté pour qu'on aboutisse jusqu'à l'homme, nous pouvons conclure que ce Dieu qui a créé le Big-bang et tous les phénomènes qui s'en sont suivis jusqu'à la formation de l'homme.

Un autre exemple en ce qui concerne l'Univers : quand vous plantez une graine de baobab que vous avez transporté dans votre poche. Plus tard vous aurez un grand arbre avec des feuilles et peut-être que vous ne saurez même pas monter sur l'arbre en question. Est-ce vous qui avez mis les branches et les feuilles ? Toul était déjà inscrit dans la petite graine. Il en est de même pour l'Univers.

Selon le Modèle Cosmologique Universel, qui est le seul modèle à retracer la situation de l'avant Big-bang à l'après Big-bang jusqu'au vivant, la théorie du Big-bang émane de la théorie de la graine originelle. Donc, quand nous disons que c'est Dieu qui a créé, nous nous référons à la graine qui a créé beaucoup de structures.

4.4. Quels sont les miracles que la science ne peut expliquer ?

Tout d'abord, on entend par miracle quelque chose qu'on ne peut expliquer scientifiquement. Les scientifiques aiment parler d'énigme car le mot miracle est devenu beaucoup plus religieux. Or, au fur et à mesure que la science progresse, plusieurs énigmes sont en train d'être élucidées. Mais là où la science va se buter un jour, c'est à l'origine de l'énergie qui s'est transformée en particules virtuelles.

4.5. Comment pourrais-je apprendre le Principe de la création pour mon culture générale sans se rendre dans un centre de l'Eglise Moon ?

L'église de l'Unification baptisée actuellement « la Sainte Communauté du Parent Céleste » possède assez des enseignants qui peuvent vous dispenser gratuitement selon l'horaire convenue à votre domicile ou à votre bureau, les enseignements du Principe divin dont le Principe de la création fait l'objet du premier chapitre. Vous pouvez prendre contact soit en vous rendant à un centre local, soit par le moteur de recherche Google en tapant « FFPMU/ (LE NOM DE VOTRE PAYS) ». Une fois entrée, vous pouvez avoir tous les renseignements ; n° téléphone, adresse. Au cas où votre centre local ne dispose pas d'un site, vous pouvez vous adressez à FFPMU/France qui peuvent vous orientez.

4.6. Quel crédit pouvons-nous accorder au Modèle Cosmologique Universel par rapport aux autres modèles ?

Sa logique de l'avant Big-bang jusqu'à la formation de l'homme et de la femme ; c'est ce qui manque aux autres modèles qui ne sont que les fruits des raisonnements humains basés sur les effets. Un tel schéma ne peut émaner que de celui que la religion présente comme étant le Créateur du cosmos à savoir Dieu. Moi, je ne fus qu'une découverte de ce schéma et je le fais découvrir à travers le Modèle Cosmologique Universel.

C'est pour dire que ma biographie n'a pas d'influence, ni le continent auquel ce modèle fut créé. Seul les arguments et les raisonnements qui comptent. Ce modèle fait partie de la sagesse antique des peuples hébreux connu à ces jours sous le nom des enfants d'Israël. Deux modèles parallèles antiques non issu de la religion l'ont confirmé et complété ; le modèle antique occidental développé par le philosophe grec Empédocle au Vé siècle av.J.C. et le modèle oriental qui remonte au XIIe siècle av.J.C. tel que je les ai développés au Tome I.

À notre époque, sa confirmation a commencé vers les années 1920 quand on a découvert ce qui s'est passé le deuxième jour de la création biblique, c'est-à-dire le Big-bang ou « la séparation des eaux d'avec les eaux » (Gn 1 :6). Et, c'est à partir de 1960 que ceux qui ont commencé à raisonner sur l'avant Big-bang ont abouti à la déduction qu'il y avait un abîme comme le dit la Bible, ce que la science qualifie à ces jours de l'effondrement ou de trou noir, avant l'émergence de notre Univers. Et, c'est en 2020, soit cent ans après la découverte de ce qui s'est passé au second jour, que le vrai horizon de l'avant Big-bang ou ce qui s'est passé le premier jour biblique fut dévoilé à travers le Modèle Cosmologique Universel.

Ainsi, le Modèle Cosmologique Universel, par rapport aux autres modèles, n'est pas le fruit d'un raisonnement humain. Il est plutôt une découverte que l'auteur est venu présenter au monde entier afin de permettre à tous les spécialistes d'y accéder et de corriger leurs raisonnements en s'inspirant des écrits du premier schéma cosmologique de l'univers contenu dans la Bible. Tel est l'injonction que Dieu m'a ordonné de dire à tout le monde.

Attendons seulement que les savants s'y mettent et dans peu de temps les confirmations vont commencer à tomber comme les gouttes des pluies, car Dieu lui-même s'y penche dessus.

Section 5
Divers

5.1. Bibliquement, chaque fois qu'il y avait un fléau dans l'Ancien Testament, Dieu finissait par intervenir. Actuellement, la pandémie du coronavirus endeuille l'humanité entière. Est-ce une punition divine ? N'y a-t-il plus un Moïse dans notre temps ?

Bibliquement, Dieu a créé dans 6 périodes et tout ce qu'il a créé est bon si chaque chose garde sa place et n'est utilisé qu'à bon escient. Le venin du serpent est bon pour sa survie. Mais, s'il quitte le corps du serpent et entre dans un autre corps, il devient destructeur et le serpent en est conscient de cela. Il en est de même pour les virus et bactéries. Ils ont leurs gîtes où ils agissent positivement sur leurs porteurs naturels.

Moïse dans la Bible était conscient de leur pouvoir destructeur et à dicter beaucoup des gestes barrières pour que pareilles microbes pour les humains ne viennent pas les décimés dans le camp d'Israël durant l'exode.

Parlons d'abord de ce coronavirus qui décime l'humanité à ce temps-ci et qui ne peut laisser indifférents tout prophète qui se préoccupe de l'avenir de l'humanité.

Selon une étude du National Institue of Health (NIH), les chercheurs étaient arrivés à la déduction qu'en premier lieu, le coronavirus se transmet par voie aérienne, c'est-à-dire lorsqu'un individu infecté tousse ou éternue à moins d'un mètre d'un autre individu sans faire barrage avec son coude. Malgré tout, les scientifiques ont identifié que le coronavirus, même s'il restait « fragile », possédait une certaine durée de vie en environnement extérieur. D'après les résultats de l'étude, le virus Covid-19 serait résistant pendant 3 heures du temps dans l'air. (Cfr : https://parismatch.be/actualites/sante/381736/coronavirus-com bien-de-temps-le-virus-survit-il-dans-lair-et-sur-les-surfaces, Publié le 17 mars 2020).

Si dans un environnement donné ; ouvert ou fermé, beaucoup

des personnes émettent les particules du coronavirus, ils forment comme une microbe permanent ou ceux qui meurent sont remplacés par des nouveaux qui sont émises. Ainsi, quiconque passera par-là ayant une santé fragile, risque d'être contaminer. Même si on pense qu'on était seul sans prendre conscience que 30 minutes avant vous quelqu'un a émis les particules du virus. C'est ce qui se passe actuellement dans les grandes agglomérations de l'occident.

Les mesures préventives sont plus importantes que les mesures curatives. A notre niveau, nous ne pouvons parler que sur les mesures curatives vit que ce qui est dicté jusque-là n'arrivent pas à freiner cette pandémie. En attendant que Dieu inspire les chercheurs sur les mesures curatives, nous voulons agir comme le faisait Moïse, c'est-à-dire en portant notre contribution sur les gestes barrières.

Certes, quand le peuple d'Israël traversait le désert, Moïse avait dicté plusieurs gestes barrières que nous avons développé au Tome V de la collection des livres « Les Versets des Savants » et qui s'intitule « De Noé à Barack Obama ». Là, nous avons dévoilé les causes providentielles de cette pandémie dont la durée devrait restaurer le temps du déluge. Les vrais espoirs devraient commencer au mois de Mars 2021, en nous référant selon nos recherches et non, notre prophétie, au moment où Noé est sorti de l'arche et a offert à Dieu l'offrande. À savoir que Noé est resté en confinement durant une année pour ne sortir qu'un certain 27 février de l'année et a offert l'offrande.

Dans l'impréparation totale, nous n'avons pas pu respecter le même temps de confinement.

Tout ceci est développé au Tome V, avais-je dit. En lisant le Tome V, à paraitre, vous allez comprendre les soucis de Dieu pour l'homme et que toutes les punitions sont créées par nous-mêmes.

En revenant aux gestes barrières dictés par Moïse dans la Bible durant l'exode, l'une d'elle était que le peuple devrait se laver tout temps les mains. Moïse a même inscrit cela dans la liste des impuretés (péché) le fait de manger sans se laver les mains. Jésus ayant compris que ce n'était qu'une geste barrière a banni cela des péchés en disant que « ce n'est pas ce qui entre dans la bouche qui souille l'homme » (Mt 15 :11). Toutefois cela ne voulait pas dire que nous devrons baisser la garde devant cette recommandation divine et non la considéré comme si elle faisait partie seulement de l'ancien Testament.

Avec le Coronavirus, le principal geste barrière à savoir l'apport des masques ne suffit plus pour se sentir protéger. Nous avons dit, selon les chercheurs que les particules des plusieurs virus dont le coronavirus, flottent dans l'air et nous ne pouvons les voir à l'œil nu. Et, quand une microbe flotte dans l'air, il ne reste plus que la résistance du corps pour faire face à cela.

L'apport du masque, non seulement nous met mal à l'aise, mais n'assure pas une barrière à 100%. Au moment où on pense qu'on seul et à l'abri, le virus peut être là, en train de flotter. Le masque ne repousse pas le virus de vous atteindre. L'invisible doit être chassé par l'invisible. Telle est notre grande contribution que nous voulons développer dans les paragraphes qui suivent que nous qualifions « The Phanzu solution's ».

En plus des gestes barrières dictées par les autorités sanitaires, j'offre gratuitement ma conception aux industrielles et hommes d'affaires qui peuvent les matérialiser. La Bible dit « vous avez reçu gratuitement, donné gratuitement ». Il s'agit des idées qu'on peut donner gratuitement et non des choses matérielles qui demandent des investissements.

L'apport du masque peut être remplacé par les képis muni d'un mini ventilateur tourné vers le bas. Le vent qui descend verticalement empêchera toute particule invisible dans l'air d'atteindre votre nez ou vos lèvres. En plus, si le vent est assez fort, ça pourra même renvoyer directement vers le bas les particules des microbes ou les gouttelettes des salives que nous émettons en parlant. En toussant brusquement, si on n'a pas eu le temps de mettre le coude, les particules subissent un premier choc de ces vents et par conséquent, mettra peu de temps pour flotter dans l'air. De quoi protéger aussi les autres. Ceci est plus commode que le masque quand on est silencieux que ça soit même dans une place publique.

L'apport de tels képis ou chapeaux à ventilateur muni d'une lampe témoin en rouge témoignant que ça fonctionne rendra nos relations normales. On peut s'embrasser en se touchant seulement le bout des képis ou chapeaux.

Ces raisonnements nous emmènent à ajouter que dans tous les endroit clos ou à large fréquentation du publique, qu'on puisse privilégier l'usage des ventilateurs pour chasser l'air que des climatiseurs. Que cela s'étende dans les trains, dans les véhicules et dans les bureaux. Si la bourse de ces entreprises augmente et ceux qui matérialiseront cette idée de fabrique des képis, chapeaux ou barrettes, qu'ils n'oublient pas leur contribution à ma fondation.

Ma fille LEMA PHANZU NERIA portant un forma des képis avec geste barrière électronique.

Les vents des hélices empêchent tous microbes (bactéries et virus) aéroportés de pénétrer aux yeux, aux nez ou à la bouche. Tout firme qui en fabriquerai qu'il n'oublie pas l'inscription « The Phanzu solution's ». En plus, avec les plafonniers, tout microbe aéroporté émis est chassé et le vent sortant par les ouvrants avec puissance plus que l'air extérieur, empêcheront d'autres d'y entrer.

Les gens baissent leurs masques trop encombrant lorsqu'ils se sentent seules dans un environnement et se font infectés. Mais avec the Phanzu solution's, on n'a pas besoins d'arrêter l'induit et le vent émis par les hélices chasse tout microbes aéroportées en empêchant qu'ils touchent vos yeux, votre nez et votre bouche. En plus, ce n'est pas encombrant. Même les enfants seront désormais à l'aise.

En Afrique on dit : un féticheur garde toujours un ingrédient pour lui afin que son produit garde son originalité par rapport aux autres.

Chapitre VIII : Science et Religion

1 Ti 2 : 3-4 *« Cela est bon et agréable devant Dieu notre Sauveur, qui veut que tous les hommes soient sauvés et parviennent à la connaissance de la vérité »*.

Section 1
MESSAGES PROPHÉTIQUES AUX SAVANTS

J.B.S. Haldane a dit : *« les progrès de la connaissance scientifique ne semblent pas enlever une once de mystère à notre Univers pas plus qu'à notre vie intérieure en son sein.* » (Cfr : J. Baker : 50 clés pour comprendre l'astronomie, éd. Dunod, Paris 2016, p.42).

1.1. L'unité entre science et religion

Le but ultime de Dieu est que la science et la religion marchent ensemble. C'est comme le corps et l'esprit. Quand la science nie la religion, c'est comme le corps qui nie l'esprit, et pourtant, ils sont unis tant qu'une personne est encore vivante. Ainsi, nous devrons nous compléter, nous mettre d'accord pour que la science et la religion s'unissent. Jésus s'est adressé aux savants en disant à ses contemporains :

Jn 3 : ***12*** *« Si vous ne croyez pas quand je vous ai parlé des choses terrestres, comment croirez-vous quand je vous parlerai des choses célestes ?* »

Je ne suis pas celui qui est envoyé pour parler des choses célestes, car c'est dans le cœur de chaque savant mettant Dieu en première position que cela sera dévoilé. N'est-ce pas que c'est dans une église que M. Edwin Powell Hubble était inspiré, et qu'avec les observations du chanoine catholique belge Georges Lemaître, tous deux astronomes, ils aboutirent à la thèse de Big-bang ? Sauf que ce dernier, qui fut un prêtre, n'a pas su jeter un coup d'œil dans la Bible pour découvrir à quel moment, dans les écrits de Moïse, le Big-bang a eu lieu. Je suis le seul à l'avoir fait et à l'avoir découvert.

Dans l'histoire de la religion antique, les savants avaient pour qualificatif « les prophètes ». Ils préféraient ce nom pour deux raisons : croire que leurs calculs et découvertes étaient des révélations divines et, c'était un honneur pour se distinguer par rapport aux autres en ayant des révélations d'un Dieu puissant et invisible.

Dans la Bible, l'histoire des personnes comme Noé, Élie, Joseph, etc. dont j'ai révélé les prouesses au Tome V de la collection des livres « Les Versets des Savants », prouve effectivement qu'ils étaient des savants aux mêmes niveaux que nos savants actuels, quoique Moïse reste imbattable.

Jésus-Christ lui-même avait dit à ses contemporains qu'ils n'arrivaient pas à assimiler les vérités et que cela viendrait plus tard à travers un autre prophète qu'il a qualifié de l'esprit de vérité, car Dieu ne voit pas la chair mais l'esprit qui sera à l'intérieur de ce prophète. Lisons-en :

Jn 16 : ***12*** « *J'ai encore beaucoup de choses à vous dire, mais vous ne pouvez pas les porter maintenant.* ***13*** *Quand le consolateur sera venu, l'Esprit de vérité, il vous conduira dans toute la vérité; car il ne parlera pas de lui-même, mais il dira tout ce qu'il aura entendu, et il vous annoncera les choses à venir* ».

Et Saint Paul est allé encore plus loin, en qualifiant sa génération de petits enfants en matière de connaissances et qu'elle n'était pas en mesure qu'on leur explique des choses difficiles. C'est ainsi qu'il conclura en disant que quand la vraie connaissance viendra, tout ce qui a été enseigné jusque-là va disparaitre, comme nous pouvons le lire :

1Co 13 : *9 « Car nous connaissons en partie, et nous prophétisons en partie,* ***10*** *mais quand ce qui est parfait sera venu, ce qui est partiel disparaîtra* ».

On comprend pourquoi je n'ai pas peur de dire que tous ceux qui n'ont pas encore étudié l'enseignement du Principe divin du Rév. Dr. S.M. Moon, ont encore deux mille ans de retard dans leur raisonnement théologique et philosophique, car l'esprit de vérité a déjà parlé. Donc, outre ce que Jésus-Christ a dit en qualifiant sa génération de la bassesse d'esprit (Jn 16 : 12), lisons ce que Saint-Paul a complété :

Hé 5 : « ***11*** *Nous avons beaucoup à dire là-dessus, et des choses difficiles à expliquer, parce que vous êtes devenus lents à comprendre.* ***12*** *Vous, en effet, qui depuis longtemps devriez être des maîtres, vous avez encore besoin qu'on vous enseigne les premiers rudiments des oracles de Dieu, vous en êtes venus à avoir besoin de* *lait et non d'une nourriture solide.* **13** *Or, quiconque en est au lait n'a pas l'expérience de la parole de justice; car il est un enfant* ».

L'histoire biblique nous montre qu'à chaque deux mille an, il s'est toujours passé quelque chose des particuliers dans l'histoire providentielle. Les historiens appellent cela le bégaiement de l'histoire. Donc, les savants doivent être curieux d'écouter le message de celui qui est venu après deux mille ans de christianisme pour apporter tous les éclaircissements de la cause aux effets.

Le Principe Divin du couple Moon, c'est les paraboles révélées de la Genèse à l'apocalypse jusqu'à l'histoire providentielle de nos jours, par Dieu lui-même qui a tenu à dévoiler la vérité sur les énigmes tant spirituelles que physiques. Le Principe Divin ne recense pas ces mystères, mais c'est à travers sa compréhension qu'on arrive à résoudre différentes énigmes. C'est comme la connaissance scientifique qui permet aux gens de créer.

Ainsi, si la science peine encore à résoudre de nombreuses énigmes, du côté de la religion, tout est déjà révélé et expliqué par Dieu à travers le Rév. Dr. S.M. Moon; du mystère du début de l'Univers, en passant par les trois grandes étapes de la vie que tout homme est appelé à traverser et cela par la connaissance exacte du péché d'Adam et Ève, jusqu'au processus de la résurrection, dont même le passage de Jésus sur la terre n'a pas laissé une réponse convaincante aux pharisiens et aux sadducéens. Ce qui fait que les chrétiens continuent toujours à entretenir un faux mythe autour de cette question. Comme a dit Jésus dans Jn 16.13, il vous annoncera aussi des choses futures. Même les explications sur le monde spirituel ne sont plus un secret pour ces disciples.

Toutes ces mises au point sont faites pour dire que la Parole de Dieu peut se compléter d'un livre sacré à l'autre. Voilà pourquoi un vrai exégète, un savant ou un chercheur ne se donne pas de limitation dans les recherches à cause de sa doctrine.

Catholique de naissance, pour découvrir par exemple du spirituel à l'Univers d'avant Big-bang que je ne peux publier et de l'avant Big-bang au Big-bang, j'ai eu à sillonner plusieurs mouvements religieux, ésotériques et tant d'autres Églises qui publient leurs doctrines. Je les ai sillonnés avec un objectif précis en tant que chercheur autodidacte pour comprendre le mystère du spirituel au physique et non en tant qu'un adhérant.

En fin de compte, j'ai constaté que les enseignements de ces doctrines trouvent leurs éclaircissements dans le Principe divin du couple Moon. Actuellement, je consacre seulement mes recherches sur la cosmologie depuis que Dieu m'est apparu en 2012 quand j'ai découvert que le Big-bang est biblique, en me donnant l'injonction « *de dire à tout le monde, surtout aux savants, qu'ils doivent s'inspirer d'un seul modèle, à savoir le récit biblique de la création* ». Tout ce qui reste, comme je l'ai dit, ne sont que des balbutiements.

Au départ, moi-même je m'étais jugé incapable de l'accomplir, mais après dix ans de recherches, j'aboutis à la conclusion que « le récit de la création biblique » est le seul vrai modèle. Étant non astrophysicien, ni physicien, « Le Modèle Cosmologique Universel », tel que je le développe dans les livres de la collection les « Versets des savants », ne constitue qu'une introduction et il appartient aux savants eux-mêmes de le développer.

En plus, j'invite tous mes frères, les savants et ceux qui sont dans les sciences chrétiennes et sectes ésotériques, ils ont maintenant à leur portée un message qui répond à leurs aspirations. Un message qui ne se donne ni dans le noir, ni en cachette, ni dans les lieux fermés et qui n'est suivi d'aucune initiation. Ce message nous montre le chemin de la perfection (Mt 5.48) tant spirituelle, qu'intellectuelle, afin que nous devenions, non des saints, ni des maîtres, mais des personnes parfaites, des vrais fils de Dieu, ayant leur place dans son Royaume. Ce message n'est autre que les enseignements que le couple Moon nous a apportés, et cela, afin que cesse le dicton selon lequel « la perfection n'est pas de ce monde ».

CONCLUSION GÉNÉRALE

Si l'après Big-bang est caractérisé par la formation des structures dans l'Univers, la Bible vient de nous dévoiler que l'avant Big-bang fut une sphère où seules les énergies étaient en action avec différents phénomènes allant de l'effondrement au jaillissement des lumières. Tous ces phénomènes sont décrits dans un langage imagé, au premier jour de la création, que nous avons actualisé. Cela a donné naissance au Modèle Cosmologique Universel, qui est la restitution du schéma biblique de la création.

Cette restitution a démontré que le récit biblique de la création est réellement un schéma cosmologique, que les découvertes actuelles ont confirmé, de l'avant Big-bang par la théorie des cordes, en passant par le Big-bang, jusqu'à l'après Big-bang tel que développé dans le modèle standard.

Certes, nous n'avons pas utilisé un vrai langage scientifique, mais quand on découvre une sphère et qu'on indique là où elle se trouve, c'est pour permettre à tous les spécialistes d'y accéder et d'aller faire tous les calculs adéquats. Il n'appartenait pas à celui qui avait découvert l'Amérique de dire quelle était sa superficie et les trésors qui s'y cachaient.

Tout comme Georges Lemaitre nous a montré le Big-bang et Fred Hoyle est venu avec la nucléosynthèse, l'entrée dans la sphère de l'avant Big-bang par les scientifiques un siècle après la découverte du Big-bang, va révolutionner beaucoup de théories et nous apporter des choses nouvelles en cosmologie.

Depuis que l'homme a commencé à se poser des questions sur l'Univers et à y répondre, plusieurs Modèles et schémas ont été émis. Sur la base des observations, certains se sont retrouvés tout simplement disqualifiés. Malgré quelques imperfections observées, la théorie de Big-bang et le Modèle standard ne cessent de s'imposer, mais sans arriver à tout expliquer. Or, l'Univers n'a pas été conçu par deux ou plusieurs Modèles. Ces modèles ne sont que des balbutiements. C'est pour dire qu'à la fin, il ne devrait y avoir qu'un seul Modèle. Si, ne fût-ce que deux modèles contradictoires persistent, c'est qu'on n'a pas encore abouti à un vrai modèle.

Comme nous l'avons dit, ce seul Modèle était déjà écrit sur des papyrus il y a 1 500 ans av. J-C. Étant consigné dans un livre sacré appelé la Bible, personne n'a su réellement l'expliquer et l'exploiter. Le début de la restitution scientifique de ce Modèle dans le livre « Les Versets des Savants » commence à rendre clairement le secret de la création.

Ainsi, le premier auteur de cette restitution d'une manière scientifique devint aussi la première personne qui vient de découvrir réellement le secret de l'Univers et l'a baptisé « Le Modèle Cosmologique Universel ». Par conséquent, toutes les théories et les autres modèles devraient venir s'y greffer pour y expliquer les différentes étapes.

Par manque d'observation, le Big-bang ne faisait pas l'unanimité jusque-là. Ce que je viens d'éclaircir dans les écrits qui datent d'environ 1 500 ans av. J.-C., fait qu'à ce jour personne ne pourra plus douter de ce phénomène. C'est un événement antérieur qu'on ne peut découvrir par un télescope. La seule certitude, ce sont les preuves qui se sont succédé et dont nous sommes témoins aujourd'hui.

Sans se référer aux preuves scientifiques, la Bible dit qu'après l'expansion de la bulle originelle qualifiée des « eaux », une partie (les eaux du dessous) a servi pour la formation des objets non brillants (les planètes) et l'autre partie (les eaux du dessus) a servi pour la formation des luminaires (Ge 1 :14) dont les étoiles (Soleil compris). Ce sont les deux grandes preuves témoignant bibliquement du Big-bang.

S'il faut descendre dans les preuves secondaires et si la même bulle a servi au-dessous à la formation de la terre et au-dessus celle des luminaires, c'est que les mêmes éléments devraient se retrouver partout. La science a déjà prouvé cela, jusqu'à dire que l'homme est le fruit de la poussière des étoiles. L'homme est qualifié de microcosme dans le Principe de la création, car c'est en lui qu'on découvre une concentration de tous les éléments du cosmos. Qui peut encore se mettre debout et dire que le récit de la création biblique est une légende ?

J'ai apporté des arguments plausibles dans ce livre. Tout ce que j'ai écrit constitue plus que l'image d'un télescope, car ça fait partie des observations courantes. On n'a pas besoin d'être un physicien ou un astrophysicien pour comprendre cela.

Par l'apport des arguments issus du Modèle Cosmologique Universel, on peut désormais, à partir du lycée et du collège, enseigner les notions préliminaires de la cosmologie aux élèves, le Big-bang ayant maintenant fait l'unanimité.

J'en reviens aux recommandations divines qui m'ont été dictées à savoir : « Dite à tout le monde de revenir sur le schéma biblique de la création », c'est-à-dire de baser leur raisonnement à partir de ce modèle.

Ainsi, cette conclusion clôt pour ce Tome la situation biblique de l'avant Big-bang, en passant par le Big-bang, jusqu'à l'après Big-bang. Plus tard, d'autres astrophysiciens, exégètes, philosophes, théologiens, qui appuieront les modèles bibliques feront de chaque point l'objet d'un livre ou d'une thèse.

Bibliographie

I. LIVRES

— Présentation du principe divin : éd. Culture et Paix, Paris, 2013

— Le Principe divin, niveau 4, introduction

— Aurélien Barrau : Big-bang et au-delà », éd. Dunod, paris 2019

— Claude Sarrailh, Le secret de la vie, éd. Librinova, Paris, 2018

— J. Baker : 50 clés pour comprendre l'astronomie, éd. Dunod, Paris 2016

— Le physicien Richard Feynman dans « Leçons de physique »

— Damian Grint, les mystères de l'Univers, éd. Christophe Colomb, Paris, 1985

— Broglie (Louis, duc de), la Physique nouvelle et les Quanta, Paris, Flammarion, 1974

— Blandine Plucher, la physique quantique pour les nuls, éd. First, Paris 2018,

— Etienne-Klein : Discours sur l'origine de l'univers »,–2010

— Stephen Hawkins, L'univers des faits aux théories

— Stephen Hawking, Une brève histoire du temps, trad. I. Naddeo-Souriau, Paris, Flammarion, 1989

— Défis de la science-Le monde.fr, la Théorie du Tout

Les défis de la science; l'origine de la vie –édité par RBA Coleccionables, S.A.U. Barcelone, 2018

— F. J. Dyson, Infinite in all Directions, Harper and Row, 1988

— Linda Gamlin, Les origines de la vie, éd. Artis-Historia, Bruxelles. 1989

— Gilles Dowek, Ce dont on ne peut parler il faut l'écrire, ed. Le Pommier, Paris, mars 2019

— Ilya Prigogine : le “Temps à devenir”

Voyage dans le cosmos; Le vide et le néant, édité par RBA Coleccionables, S.A.U. Barcelone, 2020

— F. Phanzu Mwaka, La cosmologie selon les modèles bibliques et antiques, éd. Exibook, Kinshasa, 2020.

F. Phanzu Mwaka, Le Modèle Cosmologique Universel, éd. Librinova, Paris 2020.

II. ENCYCLOPEDIE

— *"chromodynamique quantique." Microsoft® Encarta® 2009 [DVD]. Microsoft Corporation, 2008*

— "Poussière interstellaire." *Wikipédia, l'encyclopédie libre.* 27juil 2016

— "gravitation." Microsoft® Encarta® 2009 [DVD

— *Joe Bergeron, **Encarta ® 2009. La modélisation d'un trou noir***

— Les planètes du système solaire ; encarta

— "Particules élémentaires." Microsoft® Encarta® 2009 [DVD]. Microsoft Corporation, 2008

— Théorie du Bing Bang ; **Microsoft ® Encarta ® 2009**

— Wikipédia ; « Elementaryparticle »

— Wikipédia : Grande Unification

— *Empédocle, Wikipédia*

— Wikipédia ; Principe cosmologique

— « Chaos. » Microsoft® Encarta® 2009 [DVD]. Microsoft Corporation, 2008

— Wikipédia : GN-z11

— *Olbers, Heinrich Wilhelm Matthaus »Microsoft® Encarta® 2009 [DVD]. Microsoft Corporation, 2008*

III. REVUES

— Pour la science, dossier Hors-série Juillet 1997 *Les trous noirs*

— Magazine Ciel&Espace n°413, 10/2014

— *Magazine Ciel&Espace n°423 - Aout 2005; L'étrange Univers de Monsieur HAWKING*

— Magazine « Les secrets de l'Espace », Hors-série n°7, les mystères de l'Univers, que s'est-il passé avant le Big-bang ?

— magazine ciel et espace, Août 2005, qu'est-ce que l'expansion de l'Univers ? par Capucine Casati

— Ciel&Espace Aout 2005 ; De l'eau liquide très tôt sur terre

— Ciel&Espace. Décembre 2002, L'univers est plat, par AzarKhalatbari

— Revue La Recherche N° 551, P.34, 09/2019, Paris, Une nouvelle source d'information sur le cosmos, S.G

— Ciel& espace, n°365 Octobre 2000 *Trous noirs, comment les débusquer ?*

— La force qui vient du vide - Astrid Lambrecht dans mensuel n° 376 /06/2004,

— Science&vie Hors-Série n° 288, 09/2019 ; J.B. Veyrieras

IV. SITES WEB

— http://www.matierevolution.fr/spip.php ?article38 **Le vide, ... pas si vide, le** 23/06/2010, parRobert Paris

— matierevolution.fr, Matière noire, énergie noire : le chaînon manquant ?13/11/2007, par FaberSperber, Robert Paris

— http://www.matierevolution.fr/spip.php ?article38 **Les contradictions des quanta**, 02/06/2007, par FaberSperber, Robert Paris

— http://www.matierevolution.fr/spip.php ?article43, Levide destructeur/constructeur de la matière, 01/07/2010, par FaberSperber, Robert Paris

— http://www.matierevolution.fr/spip.php ?08- Lumière et matière, des lois issues du vide,mardi 14 juillet 2009, par Robert Paris

— http://www.matierevolution.fr/spip.php ?article, **La symétrie brisée**, 22/03/2009, par Robert Paris

— *http://www.matierevolution.*fr/spip.php ?article, **Les bulles de vide et la matière, le 16/05/2008**, Robert Paris

— http://www.lalibre.be/archive/qu-y-avait-il-avant-le-big-bang ; publié le 15/12/2005 PAR GUY DUPLAT

— trustmyscience.com/nouvelle-etude-matiere-noire-plus-an cienne-que-big-bang/ par Stéphanie Schmidt, 9 août 2019

— https ://trustmyscience.com/un-trou-noir-supermassif-denu de-parcourt-l-Univers/...)

— https://trustmyscience.com/reflexion-n1-lespace-temps-courbe-masse-lenergie

— trustmyscience.com/telescope-fermi-retrace-histoire-rayon nement-stellaire-dans-univers/par Thomas Boisson,30 /11/ 2018

— annuaire-digg des.coursgratuits.net/c7_bigbang/p715_part virtuelles.php. parOlivierEsslinger

— *astronomes.com/le-big-bang/particule-virtuelle/* le *9 août 2017* par *Olivier Esslinger*

— *astropolis.fr/articles/histoire-de-univers/l'instant-zero-ou-sin gularite-initial*

— **Dr. David P. Stern** Mail au Dr.Stern :**education**["at" symbol] **phy6.org**

— *https://ingeniumcanada.org/innovation/fr/recit/un-trou-noir-lorigine-de-lunivers*

— lestoutespremieresfois.com/1er-coup-daccelerateur-de-lex pansion-cosmique ; par Fabrice, *Actualisé le 8 mai 2014*

— astrocanada.ca/le_cosmos_contemporain_la_matierecon temporary_mater/Fra

— http//simulum.bio.uottawa.ca/bio2525/Notes/les-Protozoai res

— http ://www.cosmovision.com/protozoaires.htm''

— https://www-n.oca.eu/vigouroux/chp1/chp123.html ; Âge du Soleil, *Vigouroux Anne, Vendredi 13 Septembre 1996*

— Diagramme de Penrose : Chaours.rv.pagesperso.orange.fr/ physique/Stars/Black/penrose.htm

— *vinsvignesvignerons.com/Geologie/Geologie-de-la-France/Une -breve-histoire-de-la-planete-terre*

— http://www.elementschimiques.fr/ ?fr/decouverte/origine-de-la-matiere

— futura-sciences.com/sciences/univers-premiere-image-trou -noir-supermassif, Laurent SACCO, le 13/04/2019

— futura-sciences.com/sciences/definitions/physique-physi que-quantique-13197

— JP LUMINET in Futurascience, l'infini de la matière : le vide, publié le 25/01/2018

— *Laurent SACCO,www.futurascience, Trou noir*

— *https://www.futura-sciences.com/sciences/univers-energie-noire-4004*

— futurascience.com/planètes/définitions/botanique-cyano bactérie-122

— 10 questions essentielles sur l'Univers. J.P. Luminet, www.Futura-Sciences

— lestoutespremieresfois.com/1er-coup-daccelerateur-de-lex pansion-cosmique ; par Fabrice, *Actualisé le 8 mai 2014*

— **sciencesetavenir.fr/qu-est-ce-que-la-matiere-noire-et -l-energie-noire** Par Erwan Lecomte et AzarKhalatbari le 31.10.2018

— ces.org/articles/cosmologie-fastoche-33

— zevenzeur.files.wordpress.com, le vide quantique

— zevengeur.wordpress.com/2014/01/16/histoire-de-l'univers Partie 6 : Modèle Janus, le futur de la cosmologie

— *zevengeur.wordpress.com/ la-chromo-dynamique-quantique*

— zevengeur.files.wordpress.com/2018/07/instant-zéro

— zevengeur.wordpress.com/2014/02/11/**Le vide quantique : un nouveau continent à explorer**

— *sciencetonante.wordpress.com/2013/09/30/les-7-merveilles-de -la- mécanique-quantique*

V. DOCUMENTAIRES SCIENTIFIQUES

— « **D'où provient l'énergie du Big-bang** » de Hubert Reeves

— Aurélien Barrau; conférence : Qu'y avait-il avant le Big-bang?

— *Nouvelle théorie du champ unifié : explication de l'Univers Dynamique*

— David Louapre : « **la mécanique quantique en 7 idées**

— **Nouvelle Théorie du Champ Unifié (Explication de la Gravitation)**

— « **les origines de la terre** » ; écrit par Alice Harper et Nigel Henbest.

— « **Cosmos– au-delà du Big-bang** » écrit par Matt Hickey

— Peter Parks/Oxford Scientific Films

Sommaire

Librinova
www.librinova.com

www.ingramcontent.com/pod-product-compliance
Lightning Source LLC
LaVergne TN
LVHW052256200926
848481LV00002B/381